人生100年時代の都市デザイン

豊かなライフシーンをつくるソーシャルインフラ

坂村圭・真野洋介　編著

学芸出版社

はじめに ―ソーシャルインフラの多様な展開が描く第五時代の都市デザイン

第二次大戦後から2020年までの都市デザイン

本書は、2020年以降の世界において、ソーシャルインフラの多様な展開をベースとした都市デザインについて、いくつかの視点とアプローチを提起し、企業や市民を中心としたプロジェクトの実践例を通して展望するものである。

現代都市デザインの目的のひとつとして、人間中心の環境を都市に取り戻す、または再生するということが挙げられる。第二次大戦後から現在に至る約80年を振り返ってみると、同じ「人間中心の環境を取り戻し、再生する」という目的も、その意味するものが時代によって異なる。

第二次大戦直後の時代は、壊滅的に破壊された都市・地域を再建し、都市の中心部の機能と空間を再構築することで、戦後急激に進んだ無秩序な分散化に対する都市の再集中化をはかることが目指された。その再集中化の中心的空間として、民主的で活発な議論が行われる場、また、戦争の記憶を含めた記憶の貯蔵庫の役割を持つ公共空間を中心に持つ「都市のコア」が多くの建築家により提案された[注1)文1)]。これら都市のコアの提案が「Urban Design」という、新たな名称が与えられた独自領域の展開につながった[文2)]。こうした諸機能とオープンスペースによる複合的な建造環境を、戦後都心空間の再建過程でひとつのスーパーブロックとして計画的につくりだすことに対して、1960年代後半から問題提起がなされた。そこでは、都市の拡大と更新が引き起こすモータリゼーションや人種差別、コミュニティ衰退などの問題に対する、人間スケールの都市空間の回復をめざして、歩行者空間と広場のネットワーク、高層住宅に替わる中層複合居住街区の提案などが試行された[文3)4)]。これが第二の時代における都市デザインの始まりである。

東京オリンピックや大阪万博など、高度経済成長期における国家的イベント開催を機に、高速道路や新幹線などのインフラが整備された50年前の日本では、都市圏拡張のビジョンや都市空間のアイコニックなデザインが提案された一方で、「成長の限界」やオイルショック、公害問題等に象徴される、特定資源と科学技術依存への警鐘を踏まえた環境保全の取り組みが始まった[注2)文5)]。また、第二次大戦後勃興した「Urban Design」が「都市デザイン」として都市政策や都市ビジョンの柱として位置づけられるようになったのも1970年代である。その後、都市のアメニティや都市景観など、人間の感覚や認知にもとづく環境の質の向上を目指した都市デザインが実践されるようになる[文6)]。

第三の時代は、コンパクトシティや創造都市など、1990年代から2000年代前半にかけて進められた都市再生（Urban Regeneration）の一連の展開が行われた時期である。ここでは、都市デザインにおける「人間中心の環境」とは、経済、文化的な持続可能性の観点から衰退や停滞が起きている、歴史的文脈を持つ都心空間を、再び経済活動のエンジンとして、また文化創造活動の拠点として再生することを意味していた。スペイン・ビルバオや金沢の現代美術館のように、ブラウンフィールドや施設跡地の再目的化により、文化創造拠点を核に都心空間の求心力を高めることや、旧市街とウォーターフロント、産業地区などを含む一連の地域における空間戦略の構築とパートナーシップ再編による、商業環境の質の向上などが主な手法として用いられた。その一方で、大都市では、激しい都市間競争を意識し、規制緩和やインセンティブゾーニングの手法が用いられ、大規模で事業期間が長期に及ぶ開発が「都市再生」を象徴するデザインとなった。現在から2030年代に向けた都市開発計画も、大体この潮流の延長線上にある。

第四の時代は、2010年代半ばから2020年にかけての時期である。この時期はSDGsや気候変動など世界共通の課題に適応し、持続可能な環境都市を構築する社会のコンセンサスと連動した都市デザインの模索が始まった。2020年代の幕開けの年にコロナ禍が起きたことは想定外であったものの、感染症に適応可能な都市空間や近隣環境のあり方を模索したことと、「レジリエンス」の概念を災禍から拡張し、さまざまな社会変化に対するレジリエンスと捉えて都市デザインを考えることにつながっている。

また、2000年代以降、都市再生事業の開発区域における高付加価値化から進展した、地域をマネジメントするという考え方についても、単一、もしくは隣接する開発地区をマネジメントする「エリアマネジメント」だけではないものが求められるようになっている。ここでは、個人、近隣地区、地域、地域間、国、グローバルというスケールを順序階層的に捉えるのではなく、多層的な環境が重なって領域が形成される広い意味での地域として捉え、この多層的環境の相互応答や時間軸を含めた環境をマネジメントすることを含めて、第五の都市デザインを考える契機となっている[文7)]。

また、2020年以降、ライフシフト[文8)]やウェルビーイング、エイジレス・リビングなど、人間個々人の長寿化と価値観、幸福感の多様化に呼応し、暮らしの豊かさの再定義[文9)]から考える、都市デザインの新たなフィールド（領域）とベースラインを描き出すことが必要となっている。そこでは、自分の人生デザインを中心に、各自が環境や地域との関係をカスタマイズし、即地的に環境が組み立てられていく「マイクロ・イニシアチブ」（内発的なプロジェクト志向の意思形成と運動）の追求や、都市と地方の関係を一対のものとして捉え、相互の環境を持続可能なものにしていく計画思考などが求められるようになっている。

本書では、こうした暮らしの豊かさの再定義とマイクロ・イニシアチブなどから、環境を再構築するプロセスを支える、幅広い「ソーシャルインフラを生み出す都市デザイン」についての論考と、民間企業や非営利組織を中心とした2020年以降の実践を読み解きながら、2030年以降の都市デザインについて考えるものである。

2030年以降の都市デザインについて考える

10年先の都市デザインを考えるために、今から10年前の2010年代からの10年に焦点を当てて、再度考察をはじめてみる。

2010年代の日本では、都市政策や開発、社会のあり方など、東京オリンピック開催予定の2020年を目標年次として計画、構想されたものが多数存在した。しかし周知の通り、コロナ禍の発生と東京オリンピックの延期により、観光や不動産開発など、2020年を新たな世界のスタートラインやビジネスのアクセルと見込んでいたプロジェクトは頓挫、もしくは停滞し、別のかたちへの変容を迫られた。都心や特定の地区だけを切り出し、特別なルールとインセンティブを与える都市デザインは一時的に効力を失う一方で、近隣地区（ネイバーフッド）の再考や、二地域間の関係構築、個人や小さな集団による共創空間など、「地域」の概念の多層化とともに都市デザインの考え方は変化した。

もうひとつの見方として、2010年代の日本は、現代社会における未曾有の災害となった東日本大震災が大きな転機となり、政府、企業、行政への信頼が揺らいだ一方で、内外の企業、非営利組織を含めたマルチ・スケールの事業者による連携や中間支援プログラムの展開、個人の力と共感による創造性の発揮など、本書が重視する「ソーシャルインフラ」の多様化につながる萌芽も多数生まれたことが特筆される。

その一方で、2015年に採択されたパリ協定（温室効果ガス削減に関する国際的な枠組み）やSDGs、国連防災世界会議の「仙台防災枠組2015-2030」など、地球規模の気候変動や世界全体の持続可能性を考える議論の土俵においては、2020年は京都議定書からパリ協定へと枠組みが切り替わる年ではあったものの、あまり大きな節目ではなかったと見ることもできる。いずれにせよ、既に2020年代も半ばにさしかかっている現在、これらの当面のゴールである2030年ではなく、それ以後の都市デザインに向けた領域を切り拓く必要がある。しかしながら、こうした気候変動[文10)]や持続可能な開発のゴール（目標）、AIに代表されるデジタルトランスフォーメーションの急激な加速[文11)]などに対応し、世界全体の環境変化に合わせてこれからの都市デザインを語る[文12)]ことは、本書の意図するところではない。

本書の1章で述べるように、地球規模の変化を前提に都市デザインを語るのではなく、個々人の「豊かさとは何か?」や、個人の生活、近隣、接続する領域などにおける「小さな変化と意思の集まり（マイクロ・イニシアチブ）」から都市デザインの流れを考えることを本書の立場としている。また、近年の都市ビジョンやアジェンダで掲げられる、「公平性（Equity）」や「社会的包摂（Social Inclusion）など、社会的な正当性の議論から都市のあり方を考えるという視点とも異なり、企業や市民などが連携したプロジェクトの実践例やケーススタディから、探索型で視点やアプローチを切り出す方法をとっている。同様に、「少子高齢化」や「働き方改革」、「成長戦略」など、近年の日本社会と都市をめぐる前提とされる枕詞は一度横に置いてみるというスタンスで、本書は構成されている。

ソーシャルインフラストラクチュアが持つ3つの側面

そして、本書のもうひとつの大事なテーマである「ソーシャルインフラ」に関して述べる。

本書では2030年以降の、人生100年時代の都市デザインを考える上でのキー・概念として、ソーシャル・インフラストラクチュア（以下、ソーシャルインフラ）を取り上げている。

このソーシャルインフラは次章でも述べているように、まだ確定された概念ではないが、本書では少なくとも、物的基盤の意味合いの強いソーシャルインフラ（社会基盤とも呼ばれる）から、人の生活を支えるプログラムや場所としてのソーシャルインフラとして扱う。この「人の生活を支えるプログラムや場所としてのソーシャルインフラ」と見ることについては、これまでの「ソーシャルインフラ」が持ちつつある、以下に示す3つの意味合いを踏まえてのことである。

1）社会関係資本（ソーシャル・キャピタル）をつくりだす基盤

図書館／教育・文化施設／オープンスペース／農園など、各場所の持つ役割から考えたものである。これらの場所は、地域との関わりの入口や接点としての場所であったり、交流や人間関係を生み出す場所であったり、社会を支える活動を起こす場所であったりする。[文13)]

2）都市のレジリエンスや持続可能性を高める社会的基盤

物的社会基盤である、クリティカル・インフラ(重要インフラ)や、グリーン・インフラと並ぶもので、災害時における「共助」や、コミュニティ・記憶の継承、個人・組織・政府のマルチレベルのパートナーシップなどが挙げられる。

3)個々の人生を豊かにする、多様なライフシーンの実現を支える社会的基盤

次章以降で詳細が述べられているが、人の行動や選択を変えたり、多様化したりするためのもの、新たな時間軸を意識させるもの、参加や主体の多様化につながるもの、インスピレーションや動機づけにつながるものなどが挙げられる。

以上のように、本書におけるソーシャルインフラに関して、これまでの建造環境、都市デザインにおいて、ビルディングタイプや用途別につくられてきた都市空間や施設の複合的環境とあえて対比させ、Built Environmentの新たな役割を持つ環境と仮定して見ていく。

東京工業大学　真野 洋介

注

1) 例えば、1951年、英国ホデスドンで開催された、CIAM(近代建築国際会議)第8回のテーマは「The Heart of the City : Towards the Humanisation of Urban Life」であり、英国コヴェントリーやスイスのバーゼルの復興プロジェクト、ル・コルビュジエによる仏・サン・ディエの再建計画、丹下健三による広島計画などが提案されていた。

2) 戦後のイタイイタイ病、水俣病、第二水俣病、四日市ぜんそく、大気汚染などを受けて、1967年に公害対策基本法、1968年に大気汚染防止法、1970年には「公害国会」を受けた公害関連14法などが制定された。1971年には環境庁が発足し、翌年には「環境白書」が発行された。

参考文献

1) Leonardo Zuccaro Marchi, "CIAM 8 -THE HEART OF THE CITY AS THE SYMBOLICAL RESILIENCE OF THE CITY"、17th IPHS Conference, "HISTORY-URBANISM-RESILIENCE"、Delft, 2016

2) Eric Mumford (2009)、*Defining Urban Design: CIAM Architects and Formation of a Discipline, 1937-69*、Yale University Press

3) アンソニー・フリント著、渡邉泰彦訳、『ジェイコブズ対モーゼス　ニューヨーク都市計画をめぐる闘い』、鹿島出版会、2011年

4) ローレンス・ハルプリン著、伊藤ていじ訳、『都市環境の演出』、彰国社、1970年

5) 宮本憲一、『環境経済学』、岩波書店、1989年

6) J. バーネット著、六鹿正治訳、『アーバン・デザインの手法』、鹿島出版会、1977年(原著1974年) /　岩崎駿介、『個性ある都市　横浜の都市デザイン』、鹿島出版会、1980年

7) 佐藤滋編著、『まちづくり教書』、鹿島出版会、2017年

8) リンダ・グラットン、アンドリュー・スコット、『LIFE SHIFT 100年時代の人生戦略』、東洋経済、2016年/リンダ・グラットン著、池村千秋訳、『リデザイン・ワーク　新しい働き方』、東洋経済、2022年

9) ジュリエット・B・ショア、森岡孝二監訳、『プレニテュード　新しい〈豊かさ〉の経済学』、岩波書店、2011年

10) J. ロックストローム、M. クルム著、武内和彦、石井菜穂子監修、谷淳也、森秀行ほか訳、『小さな地球の大きな世界　プラネタリー・バウンダリーと持続可能な開発』、丸善出版、2018年

11) ベン・グリーン著、中村健太郎、酒井康史訳、『スマート・イナフ・シティ　テクノロジーは未来を取り戻すために』、人文書院、2022年

12) ポール・ホーケン編著、江守正多監訳、五頭美知訳、『リジェネレーション(再生)　気候危機を今の時代で終わらせる』、山と渓谷社、2022年

13) エリック・クリネンバーグ著、藤原朝子訳、『集まる場所が必要だ　孤立を防ぎ、暮らしを守る「開かれた場」の社会学』、英治出版、2021年

目次

1章 人生100年時代を豊かな時代とするために

東京工業大学　坂村圭

1　人生100年時代の到来は何を意味するか

「人生100年時代」という言葉が、社会の中に浸透してきた。まちを歩くと、「人生100年時代」という冠がついた広告が目に付き、書店には「人生100年時代」の書籍がまとめられたコーナーがある。しかし、「人生100年時代になったら何が変わるのか？」と問われたときに、いまの社会環境との違いを明確に答えられる人は依然として少ないように思う。「人生100年時代」とは、ただ漠然と少し遠い未来を指すだけの言葉なのだろうか。それとも長い老後の到来を指し示した言葉なのだろうか。まずは、「人生100年時代」が、未来の都市デザインを考えていく上で、どのような契機となりうるかを考えてみたい。

「人生100年時代」は、その原義に従えば、寿命が100歳に達することが当たり前になる時代の到来を意味している。それは、多くの先進国でいまから50～100年後に到来するといわれている。この先頭を走っているのが、私たちの暮らす、日本である（図1、2）。日本人の平均寿命は、1840年以降、10年ごとに約2～3歳ずつ増加し、2023年時点で約85歳に達している。そして、今から100年後の2100年には、平均寿命が94歳に達すると推測されている。もちろん、寿命が増進する要因は時代ごとに異なるため、今後の寿命の推移を予測することは単純なことではない。このため多少の振れ幅はあるが、今後の医療の進歩や健康意識の増加を理由とした、更なる寿命の増進は多くの調査機関が認めることである。そして、少なくとも2100年には、家族の誰かが100歳を超えているという世帯は、いまよりも当たり前のように存在していて、人生100年時代が本格的に到来するといわれている。ここで重要なことは、寿命の増加とあわ

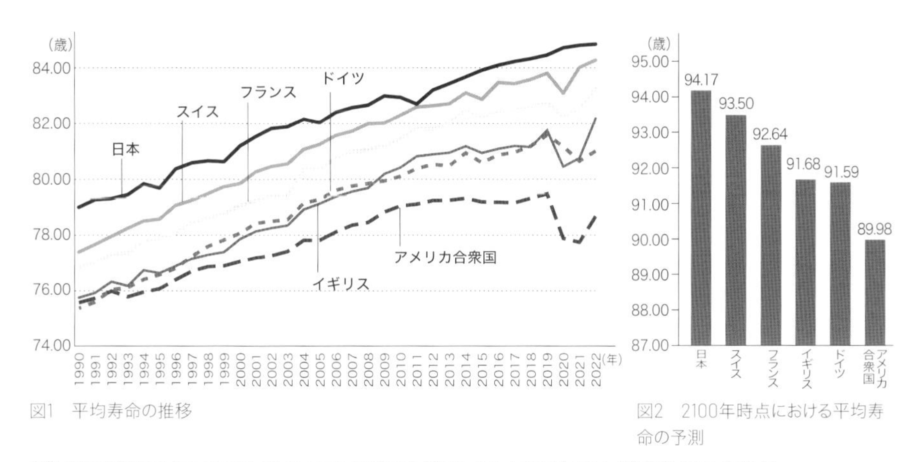

図1　平均寿命の推移

図2　2100年時点における平均寿命の予測

出典：United Nations, Department of Economic and Social Affairs, Population Division : 2022 Revision of World Population Prospects, 2022.（https://population.un.org/wpp/）（2023. 08. 24）

せて、健康寿命の増加も予測されていることである[1]。つまり、老後の寝たきりの期間が延長するのではなくて、ある程度の不自由はあるかもしれないが、元気に過ごすことのできる高齢期の期間が増加すると考えられているのである。

この100歳まで生きられる超長寿化社会が到来したときに、私たちの人生はどのように変化していくだろうか。図3は、私たちの人生の大きな流れ（ライフコース）を簡略化して示したものである。この図の中で、一番上に示したものが、現在（2023年時点）の寿命約80歳の状況である。これまで、私たちは約25歳までの大学を卒業するまでを育成期間にあてて、そこから65歳くらいまでの間に社会に出て働き、そしてその後の20年程度を老後期間として過ごしてきた。もちろんこのような人生の過ごし方に当てはまらない人もいるかもしれないが、いま老後をむかえた大半の人が、学習や育成を幼少期のまとまった期間にあて、65歳の定年をむかえてからはお金を稼ぐ仕事にはついていない。

では、人生100年時代に突入し、ここから寿命が20年増えた場合に、このライフコースはどのように変わっていくだろうか。図3の真ん中に示したものは、そのままの社会の枠組みが継続すると仮定して、老後の期間を20年延長してみたものである。このような人生設計も確かにありうるが、その場合には、40年近くに延長した老後の生活を支える経済的手段を確保することや社会保障を見直すことが課題となってくる。つまり、成人期に十分な資産を蓄えることができなければ、このようなライフコースを歩むことは難しい。

そこで、現在、予期され始めているのが、図3の一番下に示したような、80歳まで働くことを想定した、新しいライフコースの出現である。ここで興味深いことは、このライフコースでは、ただ働く期間が長くなるだけでなく、転職の回数や学習の期間にも変更があると推察されていることである。これは、同じ知識や技術のもとで長期間活躍するこ

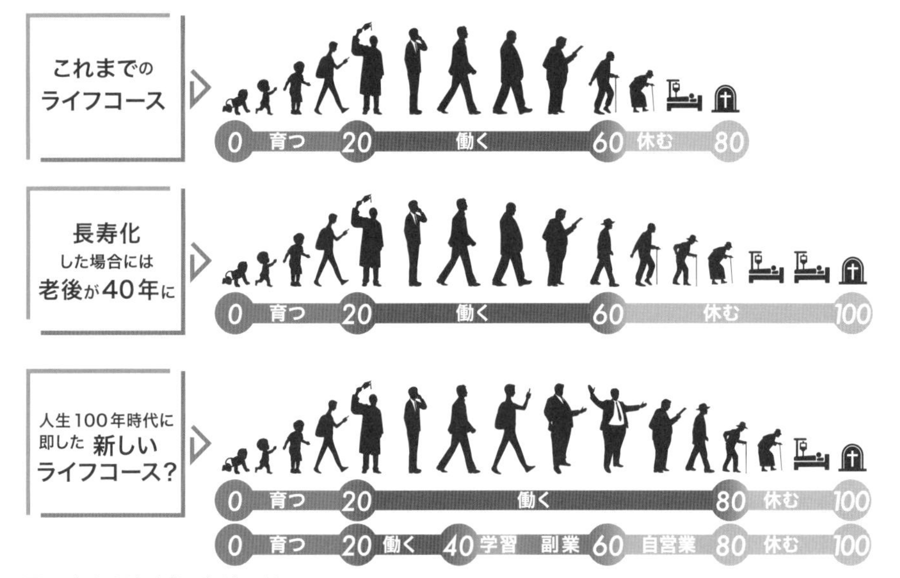

図3　人生100年時代に生まれる新しいライフコース

とが難しく、また、働く方としても60年間同じ仕事を続けるための気力や覚悟を維持できないことなどが理由とされている。例えば、このライフコースの変化に一早く言及した、『LIFE SHIFT』の著者のリンダ・グラットンは、人生100年時代には、再学習を行ったり、転職をしたり、自営業を行う人がいまよりも増加し、人生は「マルチステージ化」していくと述べている[2)]。

このように、いまよりも長く生きることが前提の時代には、これまでに構築してきた都市のライフスタイルが経済事情、活力の維持、スキルの更新などの理由から十分に機能しなくなる可能性が高い。そして、この時には、私たちは人生設計そのものを見直すようになり、いまとは違った人生の歩み方へと変化するようになると考えられはじめているのである。

2　人生100年時代に向けた変化はすでに始まっている？

いまみたような人生のマルチステージ化は、人生100年時代を待たずに、すでに少しずつ実践され始めている。例えば、自然豊かな地方部に住みながらテレワークで仕事を継続している人や、地元に帰って小さなカフェを開業している人がいる。

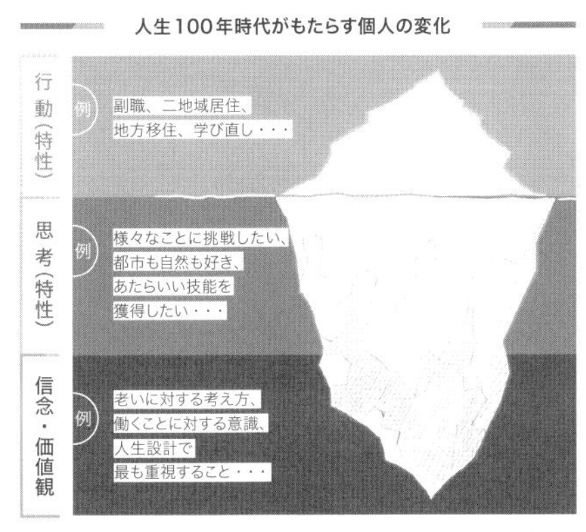

図4　人生100年時代を見据えた新たな行動と価値観の台頭

もっと自由にライフコースを選択している人のなかには、住宅をサブスクリプションして毎月異なるまちで暮らす人や、ずっと旅行をしながら旅先で仕事を探して生活する人もいる。

このような人々は、組織や制度に身をゆだねるのではなく、住まいや働きかたを優先して、自分らしく自由にキャリアを形成している。特に、コロナ禍以降、際限のない経済成長に代わる新たな人生の指標を追求する動きや、価値観の転換が契機となった行動様式の変容が少しずつ生まれ始めた。それは、人生100年時代に想定される、老後のための資産形成や新たな知識や技術への対応といった受動的な理由だけではなく、生活の豊かさの向上や自己実現などがきっかけとなった新たな動向といえるものだろう（図4）。

このような変化も、人生100年時代に一層進展していく可能性が高い。長寿化は、「老い」や「働くこと」に対する内省を促し、私たちに生きることの意味を再考させる。そして、人生の豊かさは、個々人によって多様に解釈されるようになって、今まで当たり前だと考えられていた家族や職業、人生設計に関する信念、価値観が見直されるようになっていくと考えられる。

人生100年時代に想定される、人生のマルチステージ化はすでに始まりつつある。そしてその進展は、長寿化という背景だけでなく、私たちの価値観の変化や豊かさの追求からも促進されている。

しかしながら、超長寿社会の到来により、人生設計そのものを見直すようになるとして、ほんとうにこれまでと違った人生設計を歩むことを多くの人が選択していくようになるだろうか。このまま人生100年時代の到来を待っているだけで、ほんとうに人生のマルチステージ化が私たちの都市生活をいまよりも幸せなものにしてくれるだろうか。

3　いま、人生の歩み方を容易に「変化」できているか

豊かなライフスタイルを頭に描いて、人生のマルチステージ化を実現できる人は、今の日本に果たしてどのくらいいるのだろうか。実のところ、私たちは人生100年時代に暮らす人々の意識や価値観の変化を認識しつつも、人生のマルチステージ化の進展に関しては、ある種の懐疑的な意見を持っていた。それは、もっと正確にいえば、いまの都市環境のままで、ほんとうに多くの人が、自由に転職や転居を繰り返し、複数の仕事に従事することを選択する（できる）ようになるのだろうか、という疑問である。

このような疑問を持つのは、人生のマルチステージ化のためには、人生の歩みを幾度も「変化」させなければならないからである。人生の歩みを「変化」させることは簡単なことではない。なぜなら、「変化」を起こすには今ある安定状態から脱する必要があり、体力やお金、時間を要するからである。例えば、引っ越しをするだけでも、転居先を探し、いま住んでいる住居の契約を解消し、荷物を整理して宅配するために、非常に多くのコストを必要とする。それが、転職や自営業の開始を伴うとしたら、お金や時間だけでなく、精神的、身体的負担も計り知れないものになるだろう。

また、当然のことであるが、引っ越しや転職を繰り返せば人生がより豊かになるというわけではない。引っ越しや転職は、人生を豊かにするための手段の一つである。次の人生の目標や理想とする生活像がなければ、引っ越しや転職は人生を豊かにするものとして機能しない。しかし、人生の目標や理想とする生活像に出会うことは簡単なことではない。現代の都市空間のなかでは、自分の興味関心に気づくことのできる機会や新しいアイデアや考え方と遭遇する瞬間は限られている。

だから、人生100年時代になったからといって、そのことだけを理由に、誰しもが転居や副職の開始を自由に繰り返し、より豊かだと実感できる人生設計を構築できるようになると考えるのは早急である。いま人生のマルチステージ化に成功している人は、一握りの特殊事例に過ぎないのかもしれない。このままでは、大半の人は人生のマルチステージ化を選択しないかもしれないし、少なくとも能動的に人生設計を見直すとは限らない。つまり、人生100年時代の変化を支えるための都市環境を整えなければ、人生100年時代をすべての人にとって豊かな人生のはじまりの契機にすることはできないのである。

4　人生100年時代の豊かな都市環境とはどのようなものか

このような問題意識から、私たちは、人生100年時代をすべての人にとって豊かな時代とするために求められる都市環境をデザインすることを考え始めた。繰り返しになるが、私たちが問題意識としていることは、いまの都市環境がすべての人の自由なライフコースの選択を促すものにはなっていないということにある。例えば、新しく何かに挑戦したいと思っても、そのような人生の目標に出会える機会は十分に都市に備わっていない。一部の人だけしか、自由に働き方と住まいを選択することができていない。そして、定年退職をした高齢者が地域の中で活躍できる機会はわずかにしかない。

このような状況を改善して、人生100年時代に望むライフコースを自由に選択できる都市環境を構築することを、これからの都市デザインが目指す一つの方向だと考えた。それは、「あらゆる人が長寿化によりもたらされる恩恵を享受して、より豊かな都市生活を送るための都市空間を構築する」ことである。これは具体的には、人生100年時代を生きるすべての人が、少なくとも以下の願望を満たすことのできる都市で暮らしを営むことを想定するものである。

1) 人生を揺り動かすような契機と出会える

私たちは人生100年時代に、これからの人生の道筋を照らすような出会いを求める。それは、思ってもいなかった自分の感情に気付くことのできる偶発的な出会いであり、次の人生の目標だと確信させせるような感性を揺り動かす体験である。そのような人生の契機と出会うことのできる、人と自然の多様性に満ち溢れた偶発的に立ち上がる場所に、容易にアクセスできる状況にある。

2) 人生の歩み方を自由に選択できる

人生の目標を自由に掲げてその達成に向けた歩み方を能動的に選択できる。仕事や学業に縛られて、自分の人生の歩み方を狭める必要はない。人生の目標は一つではないし、全く異なるものが併存することもある。例えば、企業人としての大きな経済活動がありながらも、個人としての小さな地域活動をパラレルに日常の中に融合できる。それは、自分と社会のかかわり方を自由にデザインできることでもある。同じことをずっとするのではなくて、仕事をしながら、学んだり、副業したり、子育てしたり、地域活動にも挑戦する。都市で創造的な環境に囲まれながら仕事をすることと、地方の沿岸部や山間部での自然を感じるストレスのない暮らしを両立する。本業・副業、組織・個人、現住地とそれ以外、いろんな意味でパラレルな働き方・暮らし方を実現できる状況にある。

3) 人生のあらゆる瞬間が尊重されている

ひと一人に限ってみても、人生を歩むなかで身体的、精神的に変化が生まれる。その中にあって、自分に最適化した特別な暮らしを希求する都市へのまなざしは増大していく。わたしたちは、自身の様々な変化に対応した場所の利用や、自由なカスタマイズを求めている。そして、年齢に関わらずあらゆる瞬間で新しいことに挑戦できる都市に暮らしたいと願っている。60歳を過ぎてからであっても、若い人と肩を並べて働いて、きちんと評価される都市で暮らしたい。そうすれば、長寿化は私たちの人生の可能性を広げるものとなる。

4) 人生を実感できる

人生の豊かさを実感できることが人生100年時代の活力となる。それは、自己実現によりもたらされることでもあるし、他者とかかわり、自然とつながり、自らの存在を改めて実感することによってもたらされるものでもある。また、人生の豊かさを求める取り組みが、結果として、地域活動の増加や地球環境の改善などの好循環に結びつくことがある。このような循環を創出するためにも、個々人が自己を表現できる機会に囲まれていることや、身近な人、自分の住む地域、次世代、地球環境と能動的に関われる状況にあることが重要となる。

5　ソーシャルインフラ：人生100年時代の豊かなくらしを実現するための都市インフラ

本書籍は、いまみたような人生100年時代の人生の選択肢を創出し、人々が変化を楽しみ、日常生活を豊かなものにするために求められる都市環境を探求するものである。そして、このような都市環境を構築する、「人生100年時代の人生の変化を後押しし、より豊かなライフシーンを創出する社会基盤」を「Social Infrastructure(＝ソーシャルインフラ)」と名付けて、現代の都市空間に存在するソーシャルインフラを手掛かりに、その創出のアイデアや考え方となる「都市デザイン」の外形を浮かび上がらせることを目的とした。

本書の2章以降では、先にみた人生100年時代の都市像に対応した以下の4分類から30事例のソーシャルインフラを紹介する(図5)。これらの多くは、現在のところ、「人生100年時代に向けた都市デザイン」や「ソーシャルインフラ」と称されるものではないが、既に多様な個人の人生の変化を後押しし豊かな都市環境を支える取り組みだと認められるものである。

まず2章では、「人生を揺り動かす都市デザイン センシブルプレイスメイキング」として、創造的なアイデアとの出会いを生み出すソーシャルインフラを紹介する。これには、都市空間において多様な人と利用を共存させることで、セレンディピティな出会いを誘発するようなものが該当する。具体的には、道路における交通以外の活用を積極的に認めて新たな都市の居場所を創出する[Marunouchi Street Park]の事例のように、今までの枠組みにとらわれずに一つの都市空間に多様な活動を柔軟に取り入れ、新しい人やアイデアと遭遇しやすくする仕組みやデザインを紹介している。また、このソーシャルインフラのカテゴリには、都市に歴史空間や森などのこれまでとは異なる時間のペースを生み出す場づくりも含めている。これらは、一見すると人生100年時代と関係ないと思うものかもしれないが、私たちの都市行動を効率性や経済原理から解放し、豊かさや創造性をもとに次の人生の道筋を思索するための社会基盤として作用するものである。[大手町の森]のように、都市部に自然の森に流れる時間軸を挿入する都市デザインは、人間の身体的なリズムと豊かなマインドを取り戻すことに大きく寄与する。

3章の「人生の歩み方を自由に選択する パラレルライフデザイン」のなかでは、働き方や暮らし方を、そのかかわり方や時間、場所などを含めてデザインするためのソーシャルインフラを紹介している。これには、民間企業が働き方の多様な選択肢を、オフィス空間を超えて提供するものから、都市に居ながら農村部の暮らしやライフシーンを取り入れるための社会基盤まで、幅広いソーシャルインフラが該当している。これらは、見方を変えれば、これまでは結びつかなかった都市活動をパラレルに接合し、また、緩衝材としても機能する社会基盤である。具体的な事例としては、[日本設計本社移転プロジェクト]や[徳島県デュアルスクール]などから複数の人生設計を両立するソーシャルインフラのイメージをまずは感じ取っていただきたい。

4章で「人生のあらゆる瞬間を尊重する エイジレスなまちづくり」として紹介しているものは、個々人の多様な身体的状況や価値観に対応した新しい都市環境を生み出すソーシャルインフラである。ここで最も大事にしているのは、健康や豊かさを一括りに考えずに、多様性に寄り添って個人に対応した都市環境を構想するという考え方である。[健康寿命延伸のための高齢者賃貸住宅]や[輪島KABULET]の事例では、高齢者と一括りにして画一的な住居やサービスを提供するのではなく、自立して働きたい高齢者、そのなかでも少しの介護サービスが必要な高齢者、などと身体や精神の状況に寄り添った暮らし方の提案が行なわれている。これらは、私たちの暮らしのグラデーショナルな変化を考える上でも大変示唆に富む事例である。また、そのような多様性への配慮を社会共通のインフラに取り入れるための工夫としては、[大和市文化創造拠点シリウス]の自らカスタマイズできる空間づくりや、モビリティと共に進化していく[e-MoRoad®]が参考になる。

人生を揺り動かす

- 創造的なアイデアとの出会いを生み出すインフラ
- 共感を呼び起こすインフラ
- 都市の文脈に接続するインフラ
- 身体的なリズムを取り戻すためのインフラ

人生の歩み方を自由に選択する

- 働き方、暮らし方のデザインを行うためのインフラ
- 都市と農村のライフシーンを混在させるためのインフラ
- 地域固有の小さな自営業を生み出し守るためのインフラ

人生のあらゆる瞬間を尊重する

- 身体的な変化にグラデーショナルに対応するインフラ
- 健康も自己実現も支えるインフラ
- 自ら介入しカスタマイズできるインフラ
- 技術進化と人の行動の変化に適応するインフラ

人生と都市の豊かさを結びつける

- 市民参加を都市の自律的な運営に結びつけるインフラ
- ライフシフトに対応して都市機能を更新するインフラ
- 都市生活のオルタナティブを構想するインフラ

図5　本書の2章以降で扱うソーシャルインフラの類型

5章の「人生と都市の豊かさを結びつける ライフシフトが生み出す都市のオルタナティブ」には、人生100年時代の個人の変化を持続可能な都市と地球環境の創造に結びつけるためのアイデアをまとめている。これには、ライフシフトへ向かう力を活用して都市の自律的な運営を達成するものや、より持続的な都市生活のオルタナティブそのものを生み出そうとする取り組みが該当する。個人の生活の豊かさの実現からはじまる取り組みを、社会や都市全体の豊かさの実現に結びつけることが、持続的な人生100年時代の都市を構想するうえで肝要となる。[ちっちゃい辻堂]や[現代集落]は、都市を持続可能なものに向かわせる力をもった社会基盤であると同時に、人生の豊かさを実感するための社会基盤であり、個人と自然環境とのつながりを生み出す契機にもなる。本章の事例から、人生100年時代の人の変化から見出される都市の一つのオルタナティブのかたちを垣間見ていただきたい。

このように、本書籍でソーシャルインフラの事例として取り上げているものは、人生100年時代の豊かな暮らしの基盤となる社会資本の総称であり、これらが近代都市計画の整備してきた道路、公園、学校などの都市インフラと大きく異なる点が、多様に解釈される豊かさという指標をその整備基準に加えていることにある。このため、ソーシャルインフラを考える上では、「一般的」というものを想定することや、画一的なサービスの基準を決定することは極めて難しい。そしてこの代わりに、多様性を生み出す源泉である「地域性」や「固有性」が着目され、人、自然、社会のつながりが重視されている。また、多種多様な豊かさを一つの場所や施設で提供する必要から、「柔軟な利用」や「流動的な活用」「余白」などがキーワードとなることもある。

さらに、ソーシャルインフラの創出や運用を行う主体に関しては、上記と同様の理由から、行政や公共団体だけに留まらず、民間企業や市民団体が含まれることに特徴がある。多種多様なサービスを供給し、画一的でない場をデザインしていくためには、市民や地域をよく知る身近な主体が参画することが欠かせない。そして、これらの民間や市民が主体のサービスを持続的に供給するために、「自律性」や「循環」というキーワードが着目されることがある。

6 マイクロ・イニシアチブから人生100年時代を構想する

本論説の最後に、本書籍がとった人生100年時代の都市デザインを探求するアプローチについて、補足をしておきたい。私たちが採用しているアプローチは、現代に先駆的に生まれるソーシャルインフラを手掛かりに、人生100年時代の都市デザインを展望するというものである。これは、個人の生活や近隣環境の再構築などにみる「内発的で小さな変化の集積(=マイクロ・イニシアチブ)」から、探索形で人中心のプログラムとしての未来の都市デザインを考えることであり、100年後の未来予測や地球規模の気候変動、DXなどの技術革新を前提とした議論をするものとは大きく異なっている。本書籍が立脚点としていることは、個人の豊かな生活であり、未来の技術革新ではない。技術ではなく豊かさが先行したイノベーションの誘発こそが本書籍が目標とすることである。

一方で、いままでの都市計画の考え方は、まず将来像を設定して、その将来像の達成に向けた計画を講じていくという性格が強いものであった。例えば、従来の都市計画では、将来の人口推計をもとに将来目標とする人口フレームを設定して住宅地を整備することや、交通予測などをもとに新たな駅前広場の整備目標を掲げて、その整備を行ってきている。しかし、50〜100年先といわれる人生100年時代の私たちの暮らしの変化を正確に予測して、都市の将来像を設定することは、ほぼ不可能に近い。これは、中長期の未来予測自体が難しいということもあるが、そもそも人生100年時代の人々の行動の変化を一義的に仮定することに無理があるためである。

このように、人生100年時代の都市を考えるためには、主に民間企業や非営利セクターらが実践する「マイクロ・イニシアチブ」をもととしたボトムアップでの議論を積み重ねていくことが欠かせない。ただし、だからといって100年単位の巨視的な都市の変動を軽視していいわけではない。災害の歴史を紐解けば明らかなように、都市には、大きな谷や山を繰り返すような巨視的な変化が存在している。また、100年単位で見ることではじめてその変化に気付く、気候変動や自然環境の変化も存在する。目の前の変化に柔軟に対応することにばかり注力していると、都市の大きな変化の方向性を見誤る可能性もある。

このため、「マイクロ・イニシアチブ」を基軸とする場合には、それを反省的に振り返り、都市の大きなパラダイムシフトの方向性を見出す視点が求められる。それは、豊かな日常生活や近隣環境、ライフシフトやウェルビーイング、価値観の多様化、長寿化に伴うエイジレス・リビング、都市と地方の持続可能な関係といった、等身大の計画思考を未来の都市デザインに重ねて、批判的に検討することだと言い換えられるものである。本書籍の中では、6章で都市計画、都市環境、防災、言語学の専門家によってマクロな時間軸や各領域の文脈からの人生100年時代に対する批判的な検討が行われている。是非、こちらも参照していただきたい。

マイクロ・イニシアチブを基とした人生100年時代の都市ビジョンとは、日常生活の豊かさの延長上に人生100年時代の都市を見出す試行である。それは、身体的スケールから思考をはじめて、地域や都市、地球環境のスケールで都市デザインの方向性を振り返ることであり、人の豊かさを中心に据えて新たな科学技術の発展とのコミュニケーションを図ることでもある。本書を通して、人生100年時代を表面的な行動の変化が起こる時期として眺めるのではなく、人間の普遍的かつ根源的な変化の転換期と捉えて、私たちが人間らしく豊かさを感じとれる人生を送るための都市環境を構想したいと思う。

参考文献

1) 厚生労働省『令和2年版厚生労働白書－令和時代の社会保障と働き方を考える－』、2020
2) リンダ・グラットン『LIFE SHIFT（ライフ・シフト）』東洋経済新報社、2016

1部

人生100年時代の都市デザイン

小さなソーシャルインフラの生み出し方

2章

人生を揺り動かす都市デザイン

センシブルプレイスメイキング

東京工業大学　真野洋介

図1　リニア駅の整備を含め、再開発が進む名古屋駅周辺(2023年6月)

図2　岡山県庁が再建され、産業博覧会会場となった戦後の岡山城址(1957年)
出典：岡山県編『岡山産業文化大博覧会誌』、1957年

これまで都市に求められてきた求心力

近代以降、都市デザインは、幾度となく都市に新たな求心力をもたらしてきた。鉄道敷設とターミナル駅の建設、ビジネス街・官庁街の形成、公園・広場の整備などが特別な地区「ディストリクト」とその価値を創出し、それが新たな経済・市民活動を呼び込む流れを生み出していくサイクルがうまれた。また、日本の明治時代から昭和戦前期のように産業都市、軍事都市、宗教都市など、時代背景の変化とともに急速に都市を変える大きな力が、特殊な求心力をもたらす時代もあった。

その一方で、大震災や戦災など、極度の災禍からの復興が、新たな都市のコアを再建する原動力となり、再び人々が集まる求心力をつくりだした。「Heart of the City」(心臓に例えられた都市中心)は、こうした都市のアイデンティティを再定義する上で重要な都市の部位となった。

高度成長期以降は、「アメニティ」や「副都心、新都心」「中心業務地区」「カルチャーゾーン」など、新たな名称やコンセプトのもと、業務機能や文化・娯楽施設の集積を開発の目的としながら、複数の拠点空間が連接する都市開発が進められた。大都市圏への人口集中が加速し、ル・コルビュジエが「垂直田園都市」と呼んだ、オープンスペース、インフラストラクチャーと高層建築群の高度複合化によるビルトエンバイロメントが提案され、そのデザインは「アーバンデザイン」による三次元的な空間配分とともに、象徴的な都心業務空間が形成された。

80年代半ばから2000年代までは、高速道路網や新幹線の整備を機に、「ストロー現象」と呼ばれる、より規模の大きな近隣の都市に人の流動や経済活動が吸い寄せられる状況が発生した。規模の大きな都市圏が持つ求心力が、近隣地域や地方から人や資源の一定の流動をひき起こす構図は現在に至るまで続いている。

2020年代には、渋谷駅、新宿駅、名古屋駅、大阪駅、三ノ宮駅、広島駅など、ターミナル駅を中心とした都市空間の再編が進められており、コロナ禍以降の交通拠点の新たな役割の模索とともに、駅が新たな求心力を持ち始めている(図1)。

図3　城跡・軍事施設から文化ゾーンへと変容した金沢市「兼六園周辺文化の森」

図4　Park-PFIの代表的事例、大阪市天王寺公園「てんしば」（2015年オープン）

歴史的中心が持つ求心力と、イメージ・アクティビティがもたらす求心力

日本の現代都市の歴史的なルーツのひとつとして、中世から近世にかけて形成された城郭都市がある。江戸や大阪、名古屋などの大都市だけでなく、金沢や熊本、鹿児島、小倉、広島など、江戸初期に外様大名の大藩だった城下町は、本丸から三の丸にかけての曲輪が近代以降も都市中心となり、近世城下町の町割に重ね、拡張するかたちで近代都市が広がっていった。近代初期の空間的中心となった城跡は、官庁街や軍隊の駐屯地として転用され、国家と政治的権力がこの中心的空間に独特な引力をもたらしていた。

多くの民衆がこの空間に集まり、コミュニティと民主主義の広場としての役割を持ったのは戦後初期のことである。CIAM（近代建築国際会議）が提示した「都市のコア」を具現化するかたちで、モダニズム建築による庁舎や市民ホールが城跡周辺に再建され、公園や文化施設、住宅、学校用地への転用などが複合した曲輪内の空間が、戦後再出発を余儀なくされた市民の文化的アイデンティティを表現する舞台となった（図2）。1970年代以降は、都市のアメニティや、ハイカルチャーを指向した文化施設と公共空間の整備が進められ、いくつかの都市では、「カルチャーゾーン」や「文化の森」と呼ばれる複合的な地区が形成された（図3）。また、プレイスメイキングと呼ばれる、パブリックスペースをコミュニティ再生の起点として、ボトムアップでつくりだす運動が、小さな場所の集積を生み、新たな求心力をもたらした。注1)

21世紀に入ると、都市の物的な空間構成が求心性を持つ時代から、ジェントリフィケーションに代表される、都市のイメージやまちの個別断片的な魅力が人を惹きつける新たな力が都市に求心性をもたらす時代が訪れた。人を惹きつける新たな力を帯びた場所（ホットスポット）は流行や嗜好の変化とともに移動し、分散的に広がっていった。また、戦前期や戦後初期につくられた施設の活用により再整備された公園や図書館・スポーツ施設など、複合的なアクティビティがエリアの再価値化の原動力となっている（図4）。こうした戦略的、戦術的な都市デザインの運動や考え方のさらに先にある感性、感覚などをイメージし、ソーシャルインフラのあり方について考えてみる。

コンテクストの連続性と環境の再目的化がもたらす力

センシブルプレイスメイキングを考える上で、戦

図5a　江戸初期、本多家下屋敷内に古沼と自然林を活かして作庭された回遊式庭園「松風閣庭園」（金沢市指定名勝）

図5b　「松風閣庭園」に隣接する本多家下屋敷跡地を活用した「本多の森公園」南側エリア

後期以降も含めてコンテクストの連続性を捉え直し、個々の環境の再目的化と、望ましい都市変容プロセスへの適合をはかることが求められる。そこでは、災害や更新により、一旦消滅した環境の履歴の復元や、失われる瀬戸際にある環境の保全・再生なども含まれる。

日本の都市における文脈（コンテクスト）は、先に述べた城下町や港町、門前町など、歴史的な都市の起源を持ち、街路パターンや水路、掘割など、都市基盤としてのコンテクストは比較的継承されてきた一方で、近世から近代、近代から現代への転換期において、戦災などを契機に空間と機能が大幅に刷新される場合が多く、建物や小さな環境の文脈があまり継承されてこなかった。近年、都市の持続可能性やレジリエンスの観点からも、歴史的環境の保全や地域一体でのヘリテージ（歴史遺産）マネジメントが重視されるようになってきている。[注2)]

現代都市のルーツのひとつとして、第二次大戦後の都市再建と文化復興にかける民衆のエネルギーと、その結果獲得された建造環境などが挙げられるが、一部の特別な例を除いて、あまり意識して文化遺産や特別な場所化されていないのが実情である。また、水路や水辺、緑地、農地、湿地など、都市のエコロジーに重要な役割を持つ場所を一連の風景や環境の系として理解し、保全していくことなども、今後の都市・地域に持続的な求心力をもたらす源泉となりうる（図5）。

災禍の爪痕や遺構、産業遺構などが持つ求心力

災禍の爪痕は、記憶や感情に強く訴えかけ、場所を巡る力を呼び起こす。1995年の阪神・淡路大震災を皮切りに、21世紀以降も多発する自然災害による被災地での支援活動やボランティアは、連帯感や共感なども含め、一種の「聖地巡礼」的な側面を持つ。2011年の東日本大震災後には、被災した場所や環境を自分の眼で「見る」こと、また人々から「聴く」ことが、新たな行動や思考を促し、多様な活動の原動力となる場合が多数見られた。また、東日本大震災から10年が経過した2021年以降も、各地に残る震災遺構をベースとした復興祈念公園や震災伝承施設（図6）が保全・整備され、国内外の観光客や修学旅行生、企業の研修生などが訪れている[注3)]。

都市の履歴と記憶の継承という視点から見ると、広島・長崎の記念資料館やベルリンのユダヤ博物館など、戦後以降20世紀後半までに建設された、第二次大戦に関する記念施設だけでなく、21世紀以降も、2001年ニューヨークで

図6　石巻市震災遺構門脇小学校外観・内観（宮城県石巻市、2022年）

発生した同時多発テロ事件に関する「National September 11 Memorial & Museum」に代表される、災禍の記憶と教訓を伝える、ミュージアム化した施設・公園などが世界各地につくられ、「ダークツーリズム」という概念も提示された。

一方、ユネスコ世界文化遺産に指定された産業遺産や、デトロイト、ピッツバーグ、ドイツ・ルール地域[注4) 文1)]、北海道夕張・三笠地域など、「レガシー都市」と呼ばれ、20世紀後半、急速に重厚長大産業の斜陽化が起きた都市・地域の再生戦略において、遺構群の保全と再目的化による転用などが進められた。以上のように、遺構の持つ環境そのものが感性に働きかける力と、再評価や再目的化によって新たに生まれた「場所の力」などが、ツーリズムの目的地を生成し、各場所が相互にリンクすることで新たな求心力を持つようになってきている。

都市・地域のスロー化がもたらす求心力

都市の求心力の急激な高まりは、極端な例では地価や賃料の高騰、オーバーツーリズムなどを招き、より良く都市に住む機会や権利を奪い、はじまりの場所や近隣環境までが陳腐化するプロセスをたどる危険性を孕んでいる。そうしたラディカルなプロセスを漸進化し、レジリエンスや包摂性を失わない変化を考える際にとられたアプローチが、都市・地域のスロー化である。

戦後初期や、公害・エネルギー危機などが顕在化した1970年代など、私たちの暮らしや食を見つめ直す運動は、イタリアのスローフード運動やスローライフ運動、そこからさらに展開した「Città Slow（スローシティ）」[注5)]、戦後の日本で再出発した民芸運動や消費運動など、時代の節目に勃興してきた。消費者や生産者による運動だけでなく、中間的な地域ネットワークの拡大や、「ソーシャル・ファーム」[文2)]と呼ばれる、多様な就労スタイルを許容する社会的企業の拡大などにもつながっている。本章の事例でも取り上げている「都市・地域のスロー化」を進める上で、「Città Slow」の条件を構成する項目だけでなく、有機農業、食育、食文化、伝統産業、手工業、歴史的建造物、地域文化、暮らし・仕事の知恵などを包括的に見ていったり、それぞれの事物のつながりを考えていったりすることで新たな結びつきが生まれ、一定の力となる。これら結びつきを束ねる力が強い外的変化に対抗する力となり、都市・地域に望ましい新たな求心力をもたらすと考えられる。

図7　大正時代に銀行の米・農産物倉庫として建設された土蔵(国・登録有形文化財)を活用した複合施設「みなとがわ倉庫」。能登半島地震では、土蔵の扉や外側の土壁、屋根瓦の一部の崩落が見られたが、主要な構造部分は免震ダンパーや筋交いなど、改修時の耐震補強が一定の効力を発揮し、大規模な損壊を免れている。

「復興」の脱構築に向けた「リカバリーのプロセスデザイン」

関東大震災から100年たった現在でも、数十年に一度と言われる災害が毎年のように頻繁に発生し、政府の「激甚災害」[注6]指定のもとで災害復旧国庫補助事業が実施されている。今後も、南海トラフや十勝・根室沖、三陸沖のプレートのずれがもたらす大地震発生確率や、気候変動に由来する水害の確率はより高まっている。こうした懸念のさなか、2024年元日の能登半島地震が発生し、能登半島から富山湾沿岸、新潟県日本海沿岸地域の広範囲に至る地域が被災した。

被災後のリカバリーのプロセスにおいて、「復興」という仮想の到達点(目標とすべき状態)を設定し、その一点に向けて工程表を作成し、一定の合意に基づき「創造的復興」と呼ばれるプロセスとガバナンスを組み立てる計画手法も、既に耐用年数を迎えているのではないか。「個々の暮らしの再建」と「まちの再建」とが連動しない結果が、整備後の物理的強靭さと地域のレジリエンス、持続可能性とのギャップを生むようなプロセスとは異なるデザインを考えなくてはならない。このような「リカバリーのプロセスデザイン」を考え直すことも、人生100年時代の都市デザインにおける大きな命題のひとつである。1000年以上にわたり独自の文化と風土を保ち続けてきた能登、日本海沿岸地域のように、大都市圏における連担市街地とは異なる構成の環境では、被災地区や対象物に絞り込んだインフラの復興だけでなく、広範囲、かつ一体的な文化的基盤の再構築と、都市・地域の将来に向けた新たな目的などを熟慮しながら、過去の災害復興のパターンに当てはめないプロセスをデザインする必要がある。

まちの連続性の再認識と、分散的求心力が持続可能性を高める

以上のような「復興」にかわる「リカバリーのプロセスデザイン」における「センシブルプレイスメイキング」を考える際、どのような求心力を手がかりにすればよいだろうか。

多くの都市・地域では、各時代の環境や文化を積み重ね、住まいや営みと、活きた景観を連続させてきた環境体としての旧市街や集落を持っている。こうした固有の環境体と、その環境体における時間の連続に対する無理解、意識の低下などが、大規模な災害やそこからの「復興」という特殊な状況の中で、短期間での急激な環境の解体・改変などにつながっており、価値断絶の危機を迎えて

図8　能登半島地震で液状化被害を受けた富山県氷見旧市街北部。昭和初期の大火を免れた土蔵造りの町家や千本格子の町家、間口の狭い独特な立面が並ぶ長屋建住宅、地蔵をまつる祠など、地域文化を支えてきた環境の集まりが継承の危機を迎えている。

いる(図7、8)。こうした危機的状況の一方で、災害後に再認識される地域の文脈や地域性、物理的に失われることで浮かび上がる資源や文化がある。こうした文化認識と思考は、道路や上下水道、送電網、住宅などに比べると非常に弱く、はかないものであるが、災後から時間が経過するにつれ、その重要性を増すような性質を持つ。

また、それぞれの文化認識と思考を経た、場所形成をめぐる多様な動きの集まりが「コレクティブ・インパクト」を与え、地域に対する一定の求心力となり、価値の断絶に継承の新たな可能性をもたらし、まちの持続可能性を高めることにつながる場合もあると考えられる。時間をかけて積み重ねられた旧市街や集住的環境の中で分散し、ちりばめられた多様な場所での活動や自発的な運営の網が、単一的な産業や事業に依存しない新たな都市の生態系(エコロジー)を生み出していくような地域が今後、より増えてくると考えられる。

今回の能登半島地震を含めて、災害からのリカバリープロセスにおいて見直されたり、見出されたりする場所や環境が地域に新たな結びつきをもたらし、レジリエンスや持続可能性を高めるソーシャルインフラとして構築されるような「リカバリーのプロセスデザイン」が今後、試されていると言えるのではないか。

注

1) プレイスメイキングに関する代表的な運動は、1975年にアメリカで設立されたPPS(Project for Public Spaces　https://www.pps.org)が挙げられ、WEB上でも『Placemaking: What if We Built Our Cities Around Places』をはじめ、さまざまな出版物を発行している。

2) 2019年に改正された文化財保護法では、自治体が策定する「文化財保存活用地域計画」が新設され、また、都道府県が定める「文化財保存活用大綱」において、広域連携の支援などが示された。

3) 震災伝承施設の分類、整理に関しては、国交省(https://www.thr.mlit.go.jp/shinsaidensho/sisetsu.html)や復興庁、各県のウェブサイトなどで、構成施設のリストが示されている。

4) 1988年から始まったIBAエムシャー・パーク(Emscher Park)・プロジェクトは、1999年までの10年間で19の都市・地域において100以上のプロジェクトを実施し、産業遺構とランドスケープの融合したデザインによる地域開発を実施した。

5) 「Città Slow(スローシティ)」国際連盟(https://www.cittaslow.org)では、現在、スローシティ加盟都市の条件として、1)エネルギー・環境政策、2)インフラストラクチャーに関する政策、3)都市生活の質に関する政策、4)農業・観光・工芸職人に関する政策、5)ホスピタリティ、意識向上、人材育成に関する政策、6)社会的結束・包摂、7)パートナーシップ、の7つのカテゴリーにおける72項目を掲げている。

6) 激甚災害指定基準とは、1962年に制定された「激甚災害に対処するための特別の財政援助等に関する法律」における激甚災害の指定と適用措置の指定に関する基準で、この指定によって、災害復旧事業における国庫補助率のかさ上げ措置や資金繰り支援等、特別な措置が実施されている。

参考文献

1) Department of Urban Design and Land Use Planning, Faculty of Spatial Planning, TU Dortmund, *International Building Exhibition Emscher Park The Projects 10 years later*, Klartext Verlag, Essen, 2008

2) Angela Genova, Martina Maccaroni, Elena Vigano, "Social farming: heterogeneity in social and agricultural relationships", *Sustainability* 12(12), 4824, 2020

2-1 創造的なアイデアとの出会いを生み出すインフラ ギャップと驚きでつくる都市の居場所

CASE STUDY :Marunouchi Street Park | 三菱地所株式会社 中嶋美年子

図1　Marunouchi Street Park 2022 Summer

道路ってもっと自由でいい！

道路法における道路は「一般の交通の用に供する道」として計画されます。しかし人生100年時代を見通した時、道路の役割は大きく違ってきていると考えます。私たちは2019年から[Marunouchi Street Park]という取り組みをスタートし、丸の内仲通りの使い方をさまざまに試行してきた結果、これからの道路は交通や移動という役割を大きく超え、人々が集い自由なアクティビティを生み出せる公共空間としての役割が期待されると実感しています。人々の発想でつくりあげる様々なシーンが、道路の役割をさらに自由に拡張し、その土地の文化とブランドをつくります。その意味で丸の内仲通りは、すでにただの道路ではないのです。「道路ってもっと自由でいい！」という発想をもとに、単なる空間の造形でなく、空間を訪れる人々の驚きとギャップという「体験を」デザインしている可変的な道路空間の使いこなしを紹介します。

図2　丸の内仲通りアーバンテラス

図3　1967年の丸の内仲通り

図4　協議会設立総会

日本経済をけん引した街区のリデザイン

丸の内仲通りは東京の大手町・丸の内・有楽町地区における南北に貫く賑わいの中心軸で、沿道には街路樹が連なり、美しく心地良い空間を生み出しています。日中は車両交通規制をかけ、オープンカフェ空間である[丸の内仲通りアーバンテラス]が実施され(※平日11:00〜15:00/土日祝11:00〜17:00の交通規制)(図2)、日常的に多くの就業者や来街者に親しまれる場所として定着してきました。

そもそも丸の内は時代のニーズを受け入れ用途の変化を繰り返してきました。戦後の日本経済の高度成長に伴う旺盛なオフィス需要に応えるため、1960年代以降、この丸の内仲通りに沿って順次再開発が進められ、赤煉瓦の建物群から近代的なビジネスセンターへと変貌を遂げていきます。その整然とした街並みには黒塗りの社用車が並び、ビジネスマンが颯爽と歩き、日本経済をけん引する企業群の活動の場としてふさわしいもので

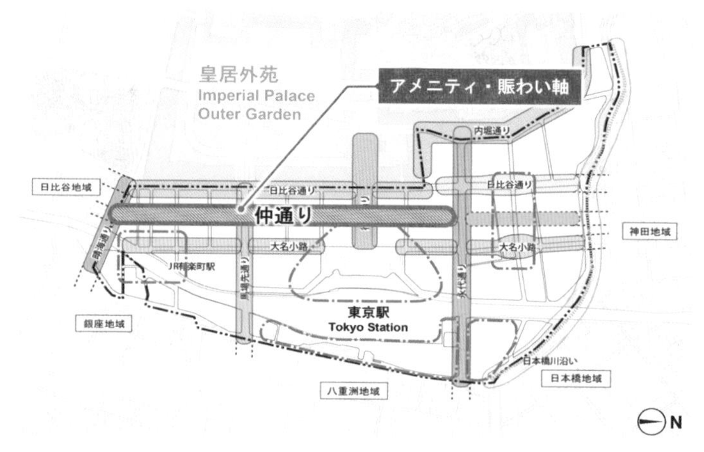

図5　アメニティ軸

図6　大手町・丸の内・有楽町仲通り　綱引き大会

図7　Bloomberg Square Mile Relay

したが、ビジネスセンターとしての機能性、効率性にフォーカスしてつくられたオフィス街であり、夕暮れになると人々は足早に家路につき、特に週末は人影がまばらでした（図3）。

1988年、大手町・丸の内・有楽町地区の地権者が集まり、エリアの将来像を描き活性化を図る「大手町・丸の内・有楽町地区再開発計画推進協議会（のちの「大手町・丸の内・有楽町地区まちづくり協議会」）を立ち上げました（図4）。そして、働くための機能だけでなく、人々が健やかに、充実した日々を過ごせるよう、また週末も多くの人で賑わう魅力ある街への転換を図ることが合意されます。さらに東京都、千代田区、また地区の中心に位置する東京駅を所有するJR東日本との4者で「大手町・丸の内・有楽町地区まちづくり懇談会」という公民協調の場をつくり、その将来像を共有しました。ここで丸の内仲通りは「街のアメニティ軸、賑わいの中心軸」として位置づけられ、長期的な変革を図っていくことになったのです（図5）。

広場化に向けたチャレンジ

変革の第一歩は2002年。超高層化する丸ビルの建替えにあわせた丸の内仲通りの改修計画でした。コンセプトはまちの中の“アーバンリビン

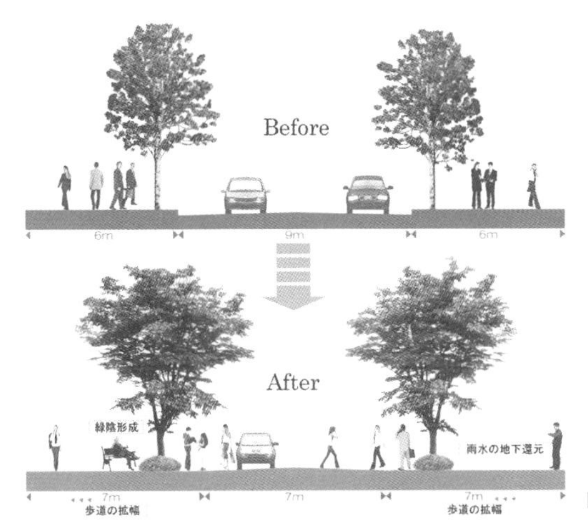

図8　歩道を拡幅した後の丸の内仲通り

図9　Marunouchi Street Park 2019

図10　MSP2019 丸の内仲通りで思い思いに過ごす人々

グルーム"。斑岩が敷き詰められた街路をいかに人々のための空間へと変換できるか、という挑戦でした（図8）。丸ビルがオープンして以来、仲通りに徐々に活気が生まれてきていました。この賑わいをさらに広げるため、文化イベントや社会実験を重ね、2015年丸の内仲通りは「国家戦略道路占用事業」の適用区域となり、[丸の内仲通りアーバンテラス]と称したオープンカフェをスタートさせ、2017年より歩行者空間化のための交通規制を本格稼働。通りの賑わいを生み出す活用はラジオ体操から始まり、企業対抗の綱引き大会やマラソン、マルシェ等様々なイベントが行われました（図6、7）。

こうしたイベントの数は増える一方でしたが、賑わいは一過性であることが課題でした。そこで2019年に開始したのが[Marunouchi Street Park（略称MSP）]です。まちの"リビングルーム"として多くの人々が日常的に丸の内仲通りに滞在したくなるよう、丸の内仲通りを一夜にして広場空間に変貌させました。緑の香りが広がるやわらかな芝生を全面に敷き詰めた空間には多くの人々が佇み、夜遅くまで空間を楽しむ光景が生まれました。まさに、場に人々が吸い寄せられ、通りの力を感じた瞬間です（図9、10）。

図11　Marunouchi Street Park 2021 Summer 寝転がる人々

図12　MSP2021 Summer 浜辺のハンモック

図13　MSP2021 Summer 草原のワークプレイス

3つの新たなキーワード

[Marunouchi Street Park] は、人生100年時代の道路空間が人々にもっと身近な場所となるための“きっかけ”と位置付けています。丸の内仲通りは今も日々、恒久的な人中心の場所となるべく課題を整理しているところです。そして今後も今以上にあらゆる過ごし方を自由に想像できる場所となっていくでしょう。我々は道路の可能性に期待し、単なる空間の造形をしているのではなく、訪れ過ごした人々の体験を想像し、その体験が生涯記憶として残り続けるような空間を道路に作っていきたいのです。[Marunouchi Street Park] の計画の際に、私たちが大事にする3つのキーワードは、その街のリソース（インフラや人・物・事）を①「より自由に」生かし、②「ギャップ」や③「余白」

図14　MSP2021 Summer みんなのライブラリーベンチ

図15　MSP2021 Summer Hermes Woof Day

図16　ウェディングフォトを撮影するカップル

をつくることです。この3つが都市の単一化を回避し、創造性と可変性を有しながら、場の求心力を高めると考えます（図1、図11～14）。

また、取り組みには継続が重要です。なぜなら、新たなステークホルダーの巻き込みが起こり場の力が増大していくからです（図15）。ステークホルダーが増えることは、活動の幅が広がり、景色の醸成に大きな役割を果たします。そして、だれもが主役になれる空間をつくっていくのです。

［Marunouchi Street Park］はまだまだ進化の途上で、完成はありません。人々の豊かなライフシーンの1頁として、日々変化と驚きを提供できる求心力のある道路でありつづけることを望まずにはいられません（図16）。

2-2 創造的なアイデアとの出会いを生み出すインフラ
都市は交感と創造のステージになる

CASE STUDY：東急歌舞伎町タワー｜株式会社久米設計　井上宏

図1　都市のステージ―歌舞伎町の中心で人と人とが共感でつながる

都市のど真ん中で「好き」をつなぐ

これからの予測不能な時代を生きるうえで大切なのは、なによりもまず自分の「好き」に巡り合い、多くの選択肢から自分らしい生き方を見定め、選び取ることです。そして都市は、自分でも気づかない新たな可能性を切り拓くための恰好の「出会いの場」です。この出会いを人生の転換点へと昇華させる方法の一つが、「好き」を表現することです。

「ここは、あなたの“好きを極める”場所」。[東急歌舞伎町タワー]のオフィシャルコンセプトが表現するのは、年齢・性別・国籍にかかわらず、多様な人が都市のど真ん中でステージに魅了され熱狂するシーン、例えば演者のサクセスに自分のチャレンジを重ね合わせ、集う者同士の情熱・想いが交感・創造される場です。

図2　都市広場「シネシティ広場」を屋外劇場型都市空間に変える屋外ステージ

図3　東急歌舞伎町タワー　©TOKYU KABUKICHO TOWER

新たな都市体験を提供する超高層モデル

新宿・歌舞伎町から、未来の東京をリードする都市体験を発信することを目指し、[東急歌舞伎町タワー]は2023年4月にオープンしました。都心の超高層タワーとしては珍しくオフィスや住宅用途が一切ない、ホテルとエンターテインメント用途のみの構成です。世界屈指の繁華街・歌舞伎町で、長きにわたりエンターテインメントをリードしてきた事業者(東急株式会社、株式会社東急レクリエーション)による、このまちの「人々を楽しませる数多くの商空間資源」「どんな人でも輝ける多様性の文化」を最大限に活かした挑戦です。

事業者のまちへの想いと覚悟で実現したこのタワーには、地下にライブホール、地上に劇場・映画館があり、さらに商業空間やパブリックエリアも含め建物全体にさまざまな「ステージ」が散りばめられています。敷地に隣接するのは日本でも稀有な都市広場[シネシティ広場]。その広場と一体となる形で設けられているのが、メインの屋外ステージです。

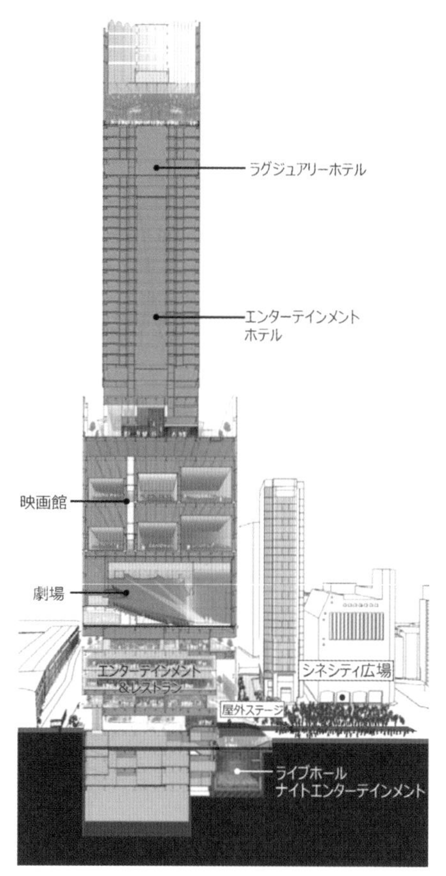

図4　内外ステージ機能が積載する断面構成

図5　ライブホール

図6　エンターテインメントフロアーのステージ

まちに出て自らステージに立つ

［シネシティ広場］は、エリアのまちづくり方針で「屋外劇場的都市空間」と位置付けられています。日本で類まれなこの都市広場は、都市計画家・石川栄耀によってつくり出されました。個人が何かを表現する場を積極的に整備してこなかった日本の都市づくりの現場で、石川は盛り場がどうあるべきかを深く考え、都市における広場は人と人とのつながりを促す社会交歓のためにあるとの強い想いのもと、この広場を整備しました。

同じく［東急歌舞伎町タワー］にある数々の「ステージ」は、都市がもつ“偶発的な出会い”を生む装置です。時に自らがステージに上がって発信者となり、一人ひとりの想いの交感やサクセスを掴むためのチャレンジとともに同じ想いをもつ仲間とつながり、新たな発見やさらなる熱狂が生まれます。その日その時の一瞬に潜む出会いは、寛容なまち・歌舞伎町らしい、既存の価値観にとらわれない生き方を教えてくれるかもしれません。「ステージ」はかつて石川が想いをもって形にした広場の文脈の上にある、人生100年時代に相応しい屋外劇場的都市空間なのです。

枠にとらわれず新しいことに挑戦し、自分と社会のつながりを実感できるソーシャルインフラとして、歌舞伎町の多様性をさらに深め、豊かな未来へつながることを願います。

図7　劇場

2-3

共感を呼び起こすインフラ

「エシカルワークスタイル」で働きながら社会を変える

CASE STUDY :We Labo (ウィラボ) | 株式会社オカムラ

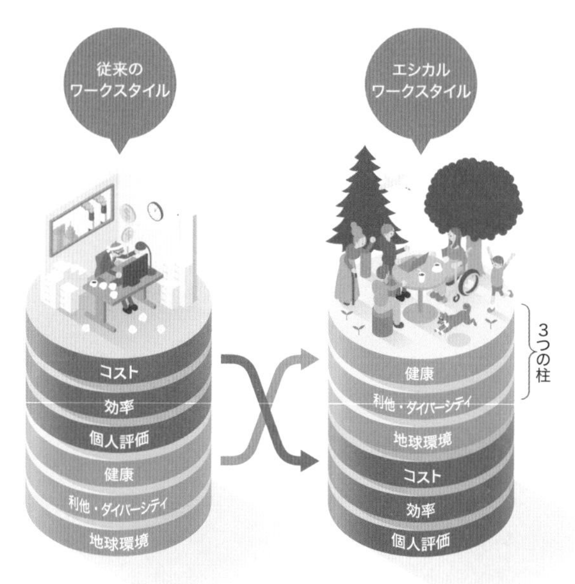

図1　エシカルワークスタイルの考え方と3つの柱

健康、利他・ダイバーシティ、地球環境

現代の会社員は65歳、希望者は70歳まで働き続けることが珍しくなくなりました。働き方や働く場もより多様になり、働く期間もさらに長くなると言われる人生100年時代には、健康であることが欠かせません。

また、性別や国籍、文化や宗教などオフィスの中には多様なバックボーンをもった人たちが働いています。全員が公平感を覚え、互いの違いを尊重して働いていく「利他・ダイバーシティ」の考え方も重要です。

さらに、百年に一度と言われるような災害も毎年起こるようになりました。新たな都市を構想するとき、もはや急激な気候変動への対応は避けて通れません。このような時代の転換点に「働き方」はどうアップデートするべきか。オカムラが提唱するのは「エシカルワークスタイル」です。利益や効率、個人の成功といった従来の価値より、「健康」「利他・ダイバーシティ」「地球環境」の3つの価値判断を優先して、健康や環境に配慮したオフィスのフロア計画から勤務形態の見直しなど、ワークスタイルを抜本的に見直す提言です(図1)。

図2　座位と立位を組み合わせた作業を可能とするテーブル

図3　オフィス内の「受容する部屋」ー相手の意見を否定しない安全な場を設ける

図4　オフィス内での電源供給はポータブルバッテリーを使用

図5　ゆったりした姿勢や軽い運動が行える公園的空間

エシカルを実現するオフィス

エシカルワークスタイルを具現化するオフィスとして2022年、東京赤坂に[We Labo]を開設しました。一人ひとりがその日の仕事や気分、体調に合わせて働く場所を選択できるABW(Activity Based Working)を採用。着座だけでなく立位での作業を可能にするテーブルやデスクの採用、相手の話を否定せず傾聴するための「受容する部屋」を設置するなど、ワーカーの「健康」や「多様性」を尊重しています(図2、3)。オフィスは共有のポータブルバッテリーを各自が携帯。利便性の向上と共に配線工事も不要となり、「環境」に配慮した仕様です。そのほか廃漁網をリサイクルしたファブリック「Re:net」を用いたソファ、製造・配送時のCO_2排出量を削減するため部材を極力減らし、従来品に比べ約50％軽量化したチェアを採用するなど、環境配慮型製品を多く採用し、ワーカーの環境意識向上を図っています(図4)。さらにデスクと事務用チェア以外のゆったりとした姿勢が取れる家具やリラックス、リチャージにつながるような仕掛けを盛り込み、健やかに、だれもが自分らしく働ける空間づくりを実現しています。働き方やオフィス環境を改善することから「健康」「利他・ダイバーシティ」「地球環境」に対する取り組みを推し進めています。

参考文献

池田晃一『エシカルワークスタイル』日経BP社、2022年

2-4 共感を呼び起こすインフラ
あらゆるパートナーと共創するためのワークプレイス

CASE STUDY：共創空間 Open Innovation Biotope｜株式会社オカムラ

図1　大阪の共創空間「bee」での組織を超えたワークショップでアイデアを出している様子

公私の融合から共創を生む

多様化・複雑化する社会解題に向き合うときに不可欠なのが、まったく違う個性をもつ個人や組織がパートナーを組み、これまでにないイノベーションを生み出していく「共創」です（図1）。

近年、副業や転職だけでなく、会社に所属したままリカレント教育やサバティカル休暇を取得するなど、私的活動と仕事の境界が柔軟になってきました。こうした働き方・生き方の多様化は、個々人のライフシーンを充実させるだけでなく、組織の壁を越えて課題解決に取り組む共創の視点獲得に重要な役割を果たします。

個々のライフシーンを掛け合わせる

例えば、朝は家庭のタスクを行った後に自宅で会議に出席、昼は趣味を活かした副業をし、午後からは地域で起きている課題について関係者とディスカッション……働く時間や場所、タスクを自分自身で自律的に決める。

可能な限り多種多様な活動を並走させるライフスタイルが、個々の人生や社会はもちろん、企業の戦略や事業をよりアクティブで豊かなものにすると私たちは考えます。

オカムラでは2015年の東京を皮切りに、大阪・名古屋・福岡に［Open Innovation Biotope］という共創空間をつくってきました。目指したのは、多様なアクティビティを内包することで地域や人をつなぎ、イノベーションを加速させるコミュニケーション空間です（図2）。単にワークショップスペースを設計しさえすれば、共創が生まれるわけではありません。生まれたアイデアを具現化するスペースや、分野横断型の話し合いを円滑にする

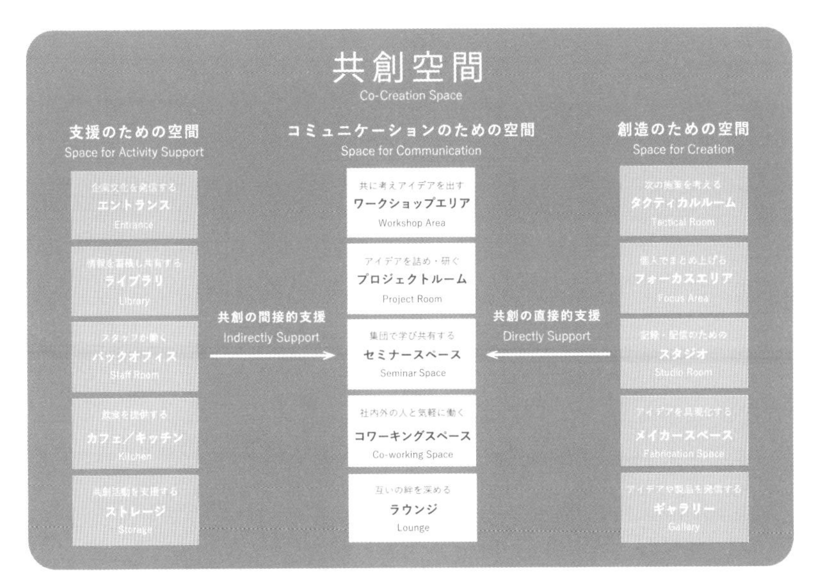

図2　共創空間のアクティビティと環境

図3　福岡の共創空間「Tie」

図4　名古屋の共創空間「Cue」

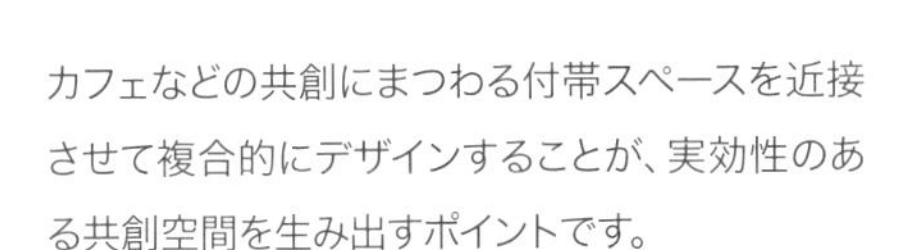

カフェなどの共創にまつわる付帯スペースを近接させて複合的にデザインすることが、実効性のある共創空間を生み出すポイントです。

場をつくるのはパートナーの個性

　それぞれの地域や人の個性を活かして運営形態も多種多様です。例えば大阪では、不動産ディベロッパーとオカムラが中心となり梅田のまちを活性化させる「NEXT UMEDA」プロジェクトを立ち上げました。フィールドワークをしながら改めて梅田の街の要素を棚卸しして人を中心とした街づくりのアイデア出しをしたり、課題意識を持った人を集めたトークイベントの開催をしたり、地域の企業や住民を巻き込んださまざまな共創が起こっています（図1）。

　1人が1つの役割や仕事をこなすだけではなく、企業や地域で複数の肩書をもつ。AIやロボット、世界中のパートナーとつながりながら共に新たな価値を創造し、課題を解く。人生100年時代の課題を解くため、自治体や教育機関でも活発に行われはじめた共創空間の設置需要は、今後さらに高まっていくと考えられます。

2-5 都市の文脈に接続するインフラ
歴史的建造物が都市のレジリエンスを高める

CASE STUDY：九段会館テラス｜鹿島建設株式会社　小松寛和

図1　エントランスとなる北側正面を九段広場より望む

日常と非日常が交錯する人生100年

同じ風景の中で、昨日の延長線上にある明日を思うときと、そうではない明日を思うことがあります。ライフプランも都市開発も双六を一周して終わりとはいかない人生100年時代では、新たなチャンスをつかんだり、予期せぬ困難を自らの力で乗り越えたりできるよう、人も都市も自らのレジリエンスを高める必要があります。ここでいうレジリエンスとは、自然災害などに対する回復力に限らず、昨日の延長線上にある明日が常にやってくるとは限らない、また、そうではない明日を積極的に選ぶこともある、不連続で不確かな時代を生き抜くしなやかな耐久力のことです。

都市空間は、多様な時間軸から構成されます。例えば、戦後の高度成長期にできて今終焉を迎えんとしているもの。逆に今から始まる未来志向のもの。あるいは数百年前からあり続けようとしているもの。これらに同時に触れることは、そこに過ごす人が自らの日常の枠を広げ、多くの人が築き上げた過去を足場に、自らの未来を志向する糧になると考えます。

図2　多様な時間軸の接点に建つ九段会館テラス

図3　アプローチ。視界から現代の要素が急に消える

図5　正面玄関ピロティ

図6　正面玄関ホール

図4　1階プラザ。ここからもお濠が望める

図7　玄関ホールの木製扉

図8　創建時からの織物壁紙を保存・復元した2階応接室

多様なスピードでうつろいゆくものたち

「オフィスエントランスのお濠に面したテラスに佇むと、時折向かい側の武道館からコンサートの音が聞こえてくる。春にはサクラが咲き乱れ、夏にはお濠にハスの花が咲く」。[九段会館テラス]の計画・設計・施工に関わったプロジェクト担当者はこう言います。現代建築・江戸時代の遺構・文化の発信拠点といった複層的な時間軸が接するこの地には、日々あらゆる速度でうつろいゆく都市体験があります。「お濠沿いテラス」はだれもが散策し佇める場として整備されたほか、5階屋上も「ルーフトップガーデン」として一般に開放し、お濠やその向こうの武道館を含む北の丸公園を望むことができます。

人生100年時代を長期的な時間軸で構想するためには、長い過去への射程や、今と異なる自分へのイメージをもつことが不可欠です。九段会館テラスにあふれる、創建時の人々とその保存に関わった人々の熱意、現代と違う要素に連続して触れ、日常から離れた状態で都市の様々な時間軸に触れる体験が、少し、もしくはかなり後の自分を昨日の延長線とは違うものとして構想する思考を広げるきっかけとなるはずです。

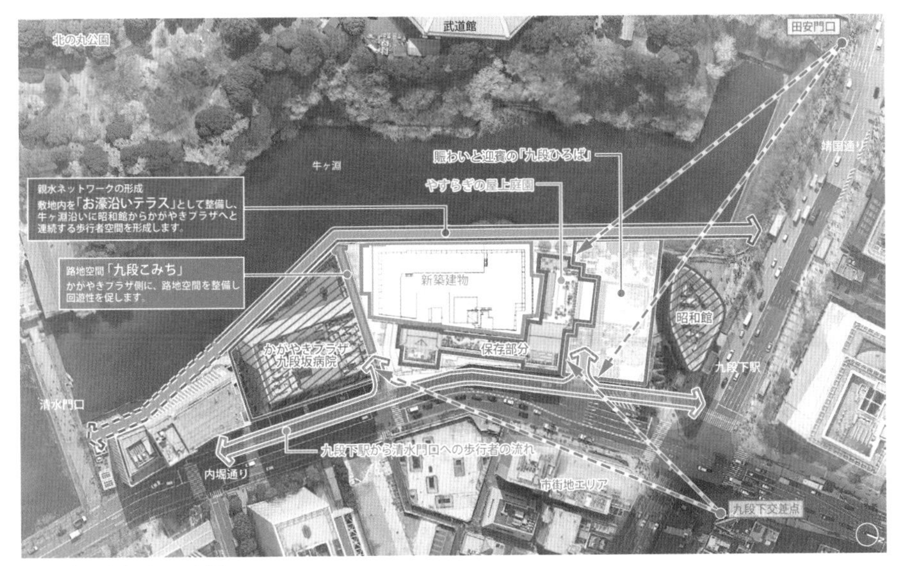

図9　歩行者ネットワーク図

図10　誰もが散策して佇めるお濠沿いテラス

図11　5階北側屋上ルーフトップガーデン

きっかけとしての、徹底した「保存」

内堀通り沿いでは、[九段会館] の建設当初に忠実に復原されたファサードがランドマークとなりつつも、現代の街並みが主として展開しています。右に折れて敷地内に入ると、急に視界から現代が消え、1934 (昭和9) 年に建てられたものと、江戸時代から存在するお濠の緑で視界が満たされ、それまでの時間軸からふわりと気持ちが離れてゆきます。

さらに建物に入ると銅製の折れ戸、大階段のある玄関ホール、その奥の木扉、と連続して登場する精巧な仕上げや装飾により、意識はさらに別の時間軸へと誘われてゆきます。

この体験は、創建時がそのまま保存されているとされていた部分でも改めて調査を行うなど、ぼう大な時間と労力をかけてオリジナルへの回帰を徹底したことに裏打ちされています。江戸時代、九段会館創設時の人々の熱量に加えて、それらを尊重した現在のモノづくりへの徹底したこだわりは、都市を構成する多様な時間軸の多彩さの体験に、具体性や奥行きを与えています。
そんな特徴を持つ都市の一部分は、不連続な日々を生きる私たちに、豊かな未来を創造するヒントやきっかけを与えるという、今後求められる都市の機能の有力な一翼を担ってくれるはずです。

2-6 身体的なリズムを取り戻すためのインフラ
生き心地を織りなすスロー

CASE STUDY：気仙沼スローライフ｜東京工業大学　井口夏菜子

図1　気仙沼中心部ののどかな海と山林

地元愛とチャレンジが溢れる気仙沼

宮城県気仙沼市。古くから漁業のまちとして知られるこのまちでは、都市にいては感じることのできない、ゆったりとした時間の流れを感じることができます。中高生時代は「スタバがないから気仙沼嫌い」と言い、まちを出ていったものの、数年後に気仙沼のためにと戻ってきた女性、気仙沼に縁もゆかりもないけれど、気仙沼でのボランティア活動を通して、気仙沼に移住することを決め、奥さんとともに二人で鶏を飼いながらまちのために活動をする男性。多種多様な人たちが、気仙沼の地で、気仙沼の人間であることを誇りに思いながら、千差万別の人生を歩んでいます。規模も小さい、人口も少ない、そんな気仙沼の地でたくさん生まれる、地元愛とチャレンジには、このまちが古くから行っているスローフード、スローシティの取り組みが関係しています（図1、2、3）。

スローへの歩み

スローフードとは、ファストフードに対して、地域に根付いた食や文化、自然を大切にしながら、地域らしさを育む、イタリア発祥の考え方です。気仙沼では全国に先駆けて2003年に「スローフード都市宣言」を行い、食を核とした持続可能なまちづくりを行ってきました（図4、5、6）。誰もが関わりやすい食べ物を通して、気仙沼の人たちに気仙沼の隠れた魅力を発見してもらい、気仙沼をスローなまちへおしすすめるべく、「プチシェフコンテストin気仙沼」（小学一年生から18歳までの子どもたちを対象にした、地元の食材を利用する料理

図2　昔からある鳥居

図3　商店や飲食店に利用される
レトロな建物

図4　新鮮で安いカツオ定食

図5　市役所近くのスローフードの
都市宣言

図6　気仙沼スローストリート・スローフードマーケット

コンテスト）や「気仙沼スローフェスタ」（気仙沼が誇る食を見て・聞いて・食べて、さまざまな角度から堪能しながら、気仙沼のスローを知るイベント）などに取り組んでいます。気仙沼のスローフードの取り組みの強みは、食べ物だけにとどまらず、食べ物を取り巻く自然、生態系、仕事など、食べ物が口に運ばれるまでの全ての過程に目を向けているところにあります。その最たる例として挙げられる「海は恋人運動」では、気仙沼の大きな資源である海の資源を持続可能なものにすべく、水源である山で植林活動を行っています。

2011年、東日本大震災による復旧・復興が急がれる状況で、「スロー」という言葉は封印されました。一瞬にして、気仙沼を瓦礫のまちへ退廃させた海。それでも、これまで幾度となく津波の被害を乗り越えてきた歴史、気仙沼を全国でも有数の漁業のまちへと発展させてくれた恩恵から、気仙沼の人々は堤防により海と断絶された暮らしではなく、再び海と共に生きる道を選びました。このような気仙沼の人たちの「スロー」という精神性を後世へ受け継いでいく心意気の後押しにより、気仙沼は2013年、日本で初めて、「スローシティ」に認定されました。震災から10年以上経った今でも、多くの人が海のそばで海を見ながら海と共生しています（図7、8）。

気仙沼とソトモノの循環を萌芽するスロー

「気仙沼のおじいちゃんたちはスローが当たり前だと思っている」と語る、スローフード気仙沼の理事長を務め、市内の伝統ある造り酒屋「男山本店」の代表取締役社長でもある菅原昭彦さん。「こ

1986 1989 1999 2001 2002 2003 2004 2007 2010 2011 2013 2021

● イタリアでスローフード運動開始
● イタリアでスローフード協会が設立
● イタリアでスローシティが発祥 ● イタリアで「スローフィッシュ」初開催

スローフェスタの様子

● 魚食健康都市宣言
● 「食のまちづくり協議会」設立 「おいしい地域づくり事業」へ発展
● スローフード都市宣言
● まちづくり団体「スローフード気仙沼」を発足
● 「第1回スローフィッシュ」参加
● 国内初のスローシティに認証

プチシェフコンテストの様子

● 「けせんぬま食のまちづくりフォーラム」開催(〜2004)
● 「プチシェフコンテストin気仙沼」の開催開始(〜現在)
● 「気仙沼スローフードフェスティバル」開催 ……▶● 「気仙沼スローフェスタ」開催
● 気仙沼スローフード タウン&ライフフェスティバル

図7 気仙沼スローへの歩み

図8 2020年にグランドオープンした中心市街地のにぎわい再生を目指す商業観光施設「ないわん」

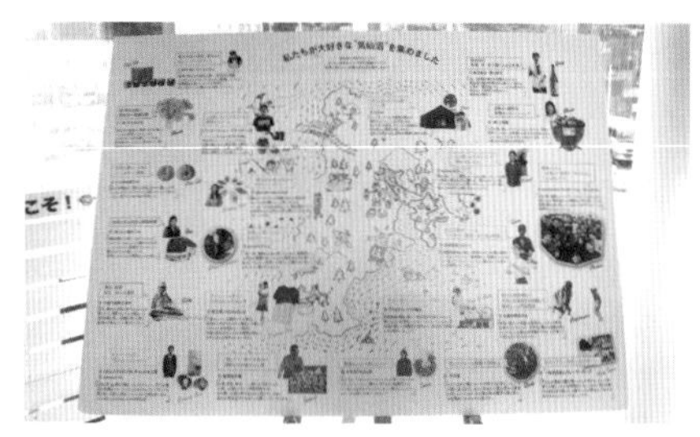
図9 気仙沼に溢れるまちの魅力

の土地で当然のように根付いている“スロー”を中心とした気仙沼のリズムを、みんなにわかってもらえるように」と、さまざまなイベントを通して奮闘しています。こうしたスローという気仙沼ならではの精神性の伝承は、気仙沼の人や自然とのつながりをより強固で透明なものにし、気仙沼の街の循環に組み込んでいることへの誇りを人々の心の中に生み出しています。気仙沼の昼夜間人口比率が群を抜いて高いこと、そして、Uターン者・Iターン者が多いことなど、具体的に数値としても表れています。気仙沼の人々が地域の魅力を理解し愛着を育み、自分たちの「スロー」というリズムで生活している姿は、気仙沼の外からやってくる新しい人材(ソトモノ)に対して、気仙沼の魅力を伝えるだけではなく、自分の生活を改めて考えさせるきっかけを作り、ソトモノが気仙沼で新たに活動を広げていく姿は、気仙沼の人々に対して、「気仙沼って意外にも良いところがたくさんあるんだ」と改めて気づかせるきっかけになっています。こうした心地よい循環が、気仙沼を持続可能な町にするための、新たな愛着とチャレンジの創出へとつなげているのです。(図9、10、11)

スローが目指す先

現在、日本は超長寿社会に突入しており、個々の人生を豊かにする、より多様なライフシーンの実現を支える社会基盤が求められるようになって

気仙沼の魅力を伝える
自分の生活を考えるきっかけを与える

気仙沼の人々

スローという独自のリズムで生活

海、山のめぐみをいただくという昔から繋いできた自然をベースにした”土地のリズム”を大切にしながら、食を核とした文化を継承する気仙沼の人々

新たな愛着とチャレンジの創出へ

ソトモノ

気仙沼で新たな活動を拡大

▲出会いや学びの拠点スクエアシップ

東日本大震災を機に集まった“ソトモノ”が、気仙沼の人々の新たな出会いや学びの場となるよう立ち上げた団体の数々（まるオフィス、ぬま大学 etc...）

気仙沼の新たな魅力を発見するきっかけを作る
気仙沼の外の世界を知ってもらうきっかけを作る

図10　気仙沼市で育まれる循環

図11　気仙沼・八日町商店街の元菓子店を改修した「くるくる喫茶うつみ」。アートをはじめ地域内外からの様々な企画の実施の場となっている。

います。しかしながら、技術革新に伴う効率化、情報化、消費社会化により、まちの均質化やライフスタイルの画一化、さらには、個々人と彼らを取り巻く環境の不透明化を助長させているのが現状です。それぞれの地域に根付いた、その地域の魅力を内包した「土地のリズム」で持続可能な発展を行うこと、そして、人と人、自然、時代、世代のつながりや循環を可視化し、新たな愛着やチャレンジを生み出すこと。これらを叶えるためには、イベントや取り組みを通して地域の魅力を発信するだけでなく、受け取った人たちが自身の生活の中でそれを体感すること、そして、ソトモノを含めた関わりの中で、それをより深めて自分の人生に落とし込んでいくことが必要になってきます。「スロー」という考えはその道標の一つであり、「その土地で生きている心地」を人々に与えるのではないでしょうか。こうした「生き心地」が人生100年時代を生き抜く重要な財産になるように思います。

2-7

身体的なリズムを取り戻すためのインフラ

自然の森に流れる多様な時間が私たちの創造性を高める

CASE STUDY：大手町の森｜大成建設株式会社　佐藤俊輔

図1　大手町の森で時間を過ごす人々　撮影：45g Photography

自然の森が作り出す、都市とは異なる時間

東京都千代田区大手町。多くのオフィスビルが建ち並ぶまちの中心で、ホテルやオフィス機能をもつ［大手町タワー］の開発に合わせて誕生したのが［大手町の森］です。開発敷地の3分の1を占める約3600m²の広さにわたって常緑樹から落葉樹、低木や草花に至るまで様々な植物が植えられています（図1、2、表1）。森の中のベンチには、同僚と語らったり一人で静かに時間を過ごしたりする人の姿が常に見られます。また、少し遠回りでもこの森を通って通勤したり、昼休みに自然観察をしてスタッフに花の名前を尋ねたりする人もいます。休みの日に孫を連れて散策する人や、繰り返し訪れて四季の変化を記録する人など、これまで大手町であまり見られなかった光景も見られるようになりました。

東京の真ん中にあるこの森が自ら成長し緩やかに変化していく姿は、私たちの日常生活のサイクルを超えた豊かな時間の流れを感じさせてくれます。

例えば、この森の中にいると気候の変化や四季の移ろいといった月単位、年単位の時間の流れがより身近に感じられます。新緑の季節には若葉の香りが、雨が降ると土の香りが漂い、春には歩行者通路沿いにニリンソウやカタクリが花を咲かせます。秋が近づくと森の中央に植えられたイロハ

図2　大手町の森全景（写真左が大手町タワー）　撮影：三輪晃久写真研究所

モミジが真っ先に色づき、季節の訪れを教えてくれます。

さらにこの森は、自然がつくり出すもっと長い時間の流れも内包するようになりました。2013年の整備当初に植えられた木々から落ちた木の実が芽を出し、この森で生まれた世代の樹木が育ちはじめています。通常は廃棄されることが多い木々の落ち葉も無駄にせず、敷地周辺に飛散したものも回収して再び森の中に戻すことで、森の土がつくられていく自然の営みや循環が形成されています。

表1　「大手町タワー」プロジェクト概要

事業概要	
事業主体	東京建物株式会社、大成建設株式会社
設計	大成建設株式会社一級建築士事務所
施工	大成建設株式会社東京支店
敷地概要	
所在	東京都千代田区大手町一丁目5番5号
敷地面積	11,037.84m^2 （うち大手町の森：3,658.70m^2）
建物概要	
延べ面積	198,467.44m^2
階数	地上38階、塔屋3階、地下6階
用途	事務所、ホテル、商業、駐車場
開発の経緯	
2004年	計画検討着手
2007年8月	都市計画決定（都市再生特別地区）
2009年11月	着工
2013年8月	一次竣工
2013年10月	大手町の森供用開始
2014年4月	全体竣工

図3　大手町の森に植えられた多様な植栽　撮影：45g Photography

自然に学び、自然の力を取り入れた森づくり

多様な時間の流れは、人の手によって管理される"ビルの植栽"ではなく、生きている自然の森だからこそ生まれるものです。都市の中に自然の森をつくるという取り組みは、この森をつくった私たちにとっても、これまでの植栽計画の考え方を根本から見直す作業の連続でした。

自然の森にまず必要なのは、豊かな土壌です。大手町の森では、森の範囲全面にわたって約1mの深さで土を入れました。高木から草花、そして地被類に至るまで、森を形づくる全ての植物が生育できる土台をつくったのです。

植物の植え方は、自然の森を観察して学びました。森の木々は常に世代交代を繰り返しており、様々な年齢の木が共存しています。また街路樹のように左右にバランス良く枝を広げる木々より、近くの大木を避けて片側だけに枝を伸ばす木の個性をむしろ大切にし、"ビルの植栽"では通常使われないこのような木々を積極的に選びました（図3）。

さらに私たちは、敷地に木を植える3年も前から、敷地とは別の場所で大手町の森の一部を実際の計画通り再現し、事前に植生を育てるという前例のない取り組みも行いました（図4）。机上の検討だけでは、自然の営みを理解することは難しいと考えたからです。実際に再現してみると、種類によって想定以上に地被類の育ち方に差が生じるなどイメージと異なるところがあり、配置やボリュームなどを大きく見直しながら目指す森をつくり上げていきました。

維持管理面の発見も多く、人間が剪定を控えると太陽光に向かい枝を伸ばす木々同士が競争し合って森全体で自然な均衡が生まれるという学びは、竣工後に行う剪定の方針につながりました。自然に学び、自然の力を取り入れながら共創する森づくりは3年の実証実験が大きな足掛かりとなっています。

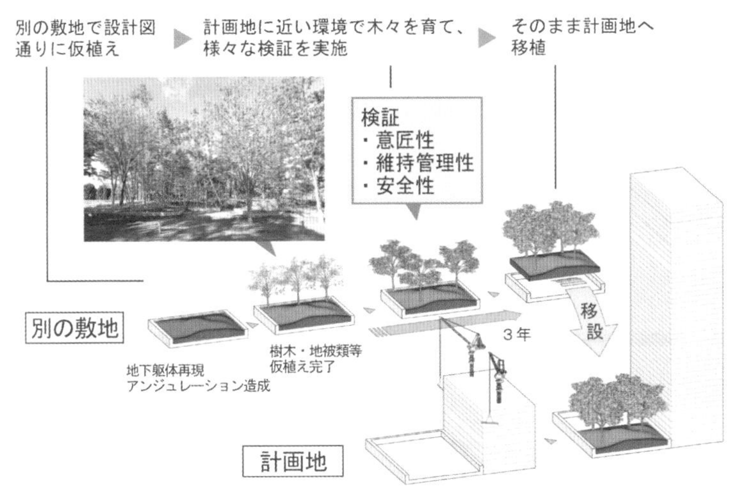

図4　別の敷地で森を育てて移植する取り組み概念図（大成建設作成）

図5　メジロ（大手町の森で撮影）　撮影：大成建設

図6　アキアカネ（大手町の森で撮影）　撮影：大成建設

自然とともに成長できる都市

この場所にあるのは、生きている自然の力です。森は竣工後も成長を続け、当初植えられたのは約100種の植物でしたが、1年後の調査ではその種類が約300種に増えていました。また、メジロやキビタキなどの鳥類、数多くの昆虫など100種を超える生き物も観察されています（図5、6）。

自然が成長する時間のサイクルを都市の中に取り込むことで、私たちは都心に暮らしながらも自然の創造性や共生力に目を向けることができるようになります。このような取り組みは、私たちの視野を広げ、心を開き、豊かな創造性をはぐくむ人生100年時代の都市をつくる契機となるはずです。

参考文献

・若林典生他「大手町の森－都心における自然の森づくりへの挑戦－」『都市公園』公益財団法人東京都公園協会、206号、2014年9月、pp.52-55
・坂田俊介他「自然の森と地下鉄駅が一体となった拠点　大手町タワー」『月刊区画整理』公益社団法人街づくり区画整理協会、64巻9号、2021年9月、pp.36-41
・蕪木伸一他「大手町タワー［大手町の森］」『ランドスケープ研究』公益社団法人日本造園学会、Vol. 80 No. 2、2016年7月、pp.141-144

2-8 身体的なリズムを取り戻すためのインフラ
自然の中まで回遊し滞留する空間体験

CASE STUDY：湯河原惣湯 Books and Retreat 玄関テラス

株式会社アール・アイ・エー　野々部顕治

図1 半円形の玄関テラスから緑とせせらぎを眺める

万葉公園の漸進的な変化を

古くは万葉集に謳われ、江戸時代より湯治場として栄え、多くの文人墨客が作品の構想を練るために訪れた湯河原。万葉公園再整備事業は、地域のまちづくり組織が住民達と話し合い、地域資源のあり方を見直し、「知の温泉場：屋外リビング&ガーデン」という地域戦略を打ち出したところから始まりました。

人生100年時代には、新しいデザインで過去を一気にリセットするのではなく、自然と建築と時間のおおらかな関係性をリデザインし、今ある地域資源を活用する漸進的な変化を施すことが求められています。これは、ユニバーサルな価値を外部からとりいれるのではなく、地域内に眠る価値（地域資源）をデザインの力で深堀りし、そしてそこに訪れる人に接続することを意味しています。本事例では、地域の人が主体の営みにおける、自然と建築と時間の関係性のリデザイン手法をご紹介します。

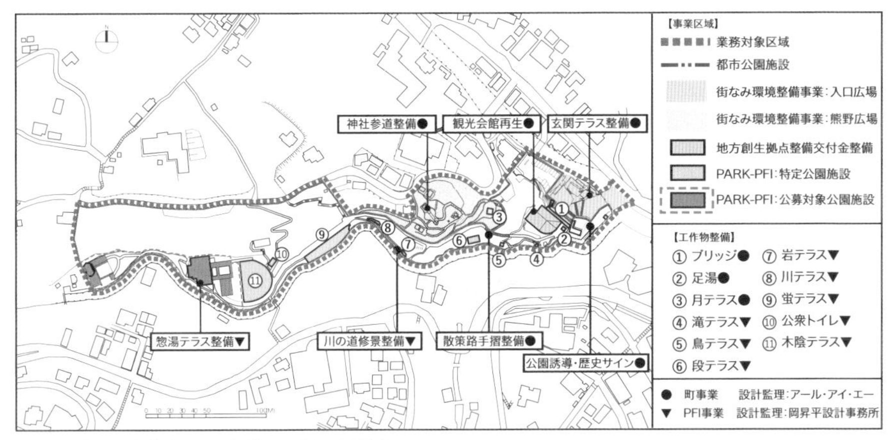

図2　万葉公園全体を3つの事業に区分して再整備

図3　旧観光会館

図4　大幅に減築して湯かけまつりが行えるイベント広場に

図5　温泉場の玄関口のハレとケ（右は4年ぶりの湯かけまつり）

図6　3階建ての旧観光会館

図7　減築した2階建ての玄関テラス

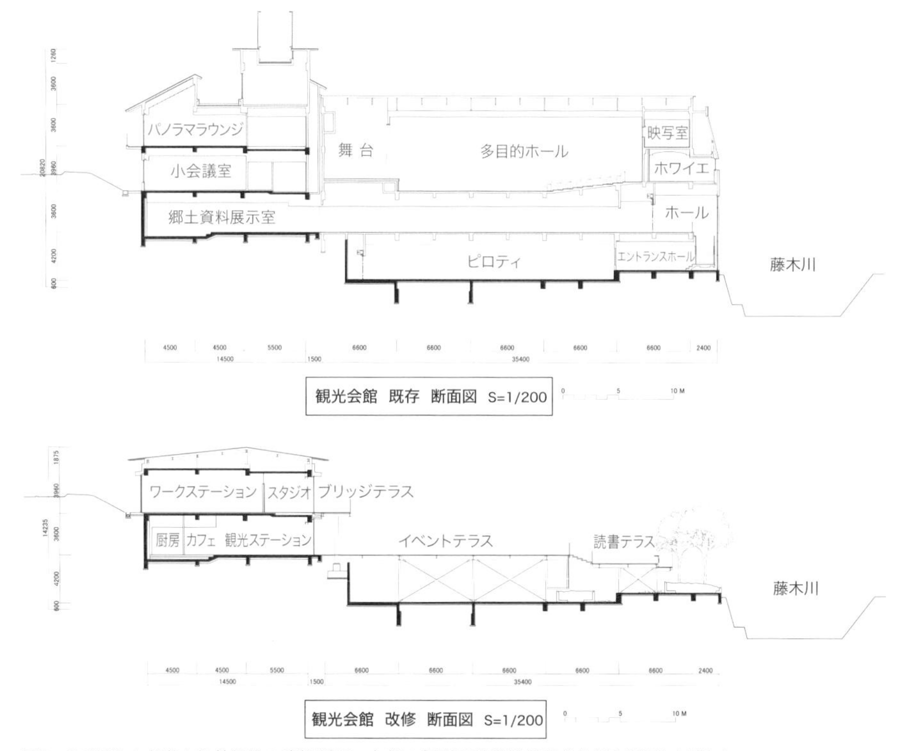

図8 再利用した躯体と従前従後の建物断面。左側の新耐震基準増築部分は2層分躯体を残した。

観光会館の減築リノベーションによる屋外リビング化

1962年に建設、1983年に増築され、この地で長年大衆旅行を受け入れてきた観光会館は、万葉公園の入り口に位置しています。しかし、時代の変化に伴い会館の機能が低下するとともに、公園との関係性が希薄なために、いつの間にか、公園全体の活用の障壁になってしまっていました。

そこで、地域と共につくった地域戦略「知の温泉場：屋外リビング＆ガーデン」に合わせて、複雑な躯体下部は存置しつつも、躯体上部を大胆に減築し、公園全体の玄関にあたる部分の付加価値づくりをリノベーションによって行うことで、公園の奥深くまで人々を誘うゲートとしての役割を強化することとしました。

新しく生まれた玄関テラスは豊かな自然と一体に豊かな屋外空間が連鎖することを目指しています。旧ホール棟跡の大規模なステップテラスとしての屋外テラス、堀口捨巳設計の茶室「万葉亭」へと続くデッキテラス、特徴的な円形平面が自然の緑や滝の落水に向けて大きく開くワークテラスなど、万葉公園の自然と一体的につながるために、減築、屋外化、開放的な建具設置などあらゆる手法が試みられ、まさにコンセプトそのままに、「屋外リビング」が万葉公園の深遠な自然に人々を誘う空間が形作られました。

図9　玄関テラス2階の内観。作り付けカウンターで読書するユーザー

再生プログラムを駆使して湯河原惣湯を創出

今回の再生プログラムは、まちづくり組織「株式会社癒し場へ」が原動力となって、湯河原町と住民が力を合わせて、公民連携のプロジェクトとして整備が進められました。広大なエリアの整備であり、温泉と自然の地域資源を最大限活用できるよう検討された結果、エリアを3つに区分して、それぞれ違った制度を活用し、ソフトハードのリデザインを施しています。

玄関テラスでの空間体験と公園散策、さらには最奥にある日帰り入浴施設での時間消費など、新たな時代の観光客を迎え入れるきめ細かなストーリーをもとにした一連の空間体験が、湯河原のこれからの温泉町としてのあり方を示しています。

湯河原での取組みは、これまでの歴史・空間の読み解きとこれからの人の興味や行動が要求する空間像との合間で、時間軸を意識した空間表現となっています。過去と未来を行き来するまちづくりで培ったアール・アイ・エーならではの好例となっています。

3章 人生の歩み方を自由に選択する パラレルライフデザイン

東京工業大学　真野洋介

「自由な暮らし」は何を意味してきたか

人生100年時代の中で、複数の人生設計とはどのようなものだろうか?

団塊の世代が65歳を迎える2010年代半ばまでは、長く勤めた仕事先において、決まった年齢で定年を迎える場合、定年後が「第二の人生」と呼ばれるもので、そこでは定年前までのスキルや所得をできるだけ維持するか、定年後にそれまでの仕事と大きく方向転換するか、のいずれかを決める大きな分かれ目となっていた。また、退職後の所得や資産が一定程度保証されることで、定年後、地域や社会への貢献を担うことができ、それが地方都市や山間地域の維持・保全を支えてきた。

1995年の阪神・淡路大震災後、「ボランティア元年」と呼ばれたように、多くの人々が災害後の支援活動に参加し、地域における防災と災後コミュニティでの関係性、仕事と暮らしの関係などを見直す契機となった。また、戦後以来、最大範囲の地域において、人生が災害という外的要因によって大きく変化させられるだけでなく、地域での支え合いが地域の持続可能性を高めるという実感がもたらされた転機でもあった。

さらに2011年の東日本大震災では、千年に1度といわれた津波や原発事故による災害が、個人の価値観を根底から揺るがすものとなり、東京を中心とした都市圏の絶対的優位性が揺らぐこととなった。帰還困難な被災地域の住民だけでなく、首都圏から自主避難した家族や若い世代、また、UIJターンを行う移住者などが飛躍的に増えた。ここでは移住という選択肢が現実味を帯びると同時に、退職後の帰農やUターンではない、多様な移住のかたちを多くの人々が模索することにより、大都市か地方か、給与所得者か個人事業主か、農業か製造業かサービス業かなど、いずれか一つの選択肢を選ぶ形ではない、「パラレルライフ」が生まれたのである。[注1)文1)] ここでは、大都市と地方、都市と農村の補完関係や、SDGsに代表される世界共通の持続可能性の考え方などが土台となり、大都市や世界とのつながりを意識しながらも、独立した地域での生活を中心に据える、ライフスタイルの一領域が生成された。また、この「パラレルライフ」では、2つ以上の仕事やさまざまな活動を組み立てながら、所得と生きがい、ライフスタイルなどのバランスを取っていく、「ポートフォリオ」型の意味を持ったパラレルライフでもあった。

しかしながら、これまでの「パラレルライフ」は、ともすれば都市環境と自然環境の「良いとこ取り」や、ワークライフバランスの「最適化」という視点が先行しており、先に述べた都市と農村の補完関係や、地球上のつながりと循環による持続可能性の土台の上で初めて成り立つ環境であるということを、十分認識して実践していかなくてはならない。さらには、非正規雇用の増加など、社会的に不安定な雇用形態への変化が「パラレルライフ」へのシフトを早めたという側面もある。こうした2010年代のパイオニアと働き手のさまざまな試行錯誤が「パラレルライフ」の現実的な像を結んだと言える。

2010年代後半からは、「メタバース」に代表されるように、仮想世界の空間上に、「アバター」のようなもうひとつの自分の存在と、そこでのふるまい(ライフ)を位置づける概念と技術が生まれた。仮想空間上の「ライフ」と、実社会での生活を並列に見るという意味での「パラレル」が生成され、

図1　千里ニュータウンの建設当初、3つの地区のひとつ「千里中央地区」の中心公園として計画された、「千里中央公園再整備にかかる活性化事業」として、旧公園管理事務所のリノベーションにより整備された交流拠点「1000RE SCENES」（2023年、千里中央公園パートナーズ）

eスポーツやNFT注2)に代表されるように、パラレルライフの仮想空間上における生活や経済・社会活動なども生まれている。SFや空想上の世界ではなくなったことで、仮想空間上の人格やアイデンティティ構築の問題、各種権利の保護、関連法制度の整備など、現時点では未解決の課題も多い。

以上のように、近年の社会変化と技術革新がいくつかの「パラレルライフ」の考え方と生活世界を現実化し、そこでのライフシフトを支えるソーシャルインフラの役割について考える時期を迎えている。

エリアベースでのパラレルライフ

都市計画と都市デザインにおいて、業務地区、住宅地区、中山間地域などと区分される地域地区の区分とは異なり、その地区の内外に存在する、新たな個人とその役割を見出すことで組み立てられる、エリアでの新たな生活イメージがパラレルライフを支えるプロジェクトの推進力となるケースが見られるようになってきている。

2000年代から、丸の内に代表される東京都心で展開された業務地区のトランスフォーメーションでは、オフィスワーカーにとっての快適さや便利さを高めるだけでなく、働く街・訪れる街への愛着が高まる環境に変えていくことが、エリアマネジメントのデザインガイドラインや公共空間活用の社会実験とともにすすめられた。ここでは、通勤者だけでなく、来街者という新たな視点により、「目的地となる街」のための商業・文化機能の集積と、惹きつけられるオープンスペースの演出、コンテンツの多重化などが進められており、エリアマネジメント間の熾烈な競争が繰り広げられている。一方、コロナ禍を経て、モノカルチャー的な「業務地区のオフィスで働く環境」は、混合化と分散化が同時に起こり、見た目だけではない、シェアスペース・ワークスペースの多様化や、新橋、虎ノ門、築地など都心の各界隈の歴史的文脈と既存の環境資源を活かしたオルタナティブ・スペースなどが、元のオフィス内での仕事環境と、「そのまちで暮らすように働く環境」のパラレルライフを切り開く存在となっている。

高度成長期以降、大都市近郊に開発された

図2　千里ニュータウン、佐竹台近隣センターの元書店の店舗を再目的化したコミュニティカフェ「さたけん家」(2011年、佐竹台スマイルプロジェクト)

図3　新千里西町近隣センターの「笹部書店」では店舗の改装を経て、子育て世代を中心としたコミュニティの場となっている。

ニュータウンや計画的住宅地も、当初の居住者・生活像と住宅市街地像が一対一で呼応していた時代から50年が経過し、市街地としての成熟と、高齢者、単身者を中心とした居住の断片化、生活スタイルの多様化などの間でずれが生じている。例えば、我が国最初のニュータウンである千里ニュータウンでは、高度成長期に一斉に供給された住宅団地の段階的更新により、住宅供給は鉄道駅付近の分譲マンションやサービス付き高齢者住宅などに置き換わりつつある一方で、当初の建物が残る近隣住区センターや賃貸住宅のグランドレベル、建て替えや改修の終わった住宅街区のオープンスペース、地区公園・緑地などの再デザインが始まっている(図1)。こうした再デザインに関する事業の実施においては、Park-PFIや指定管理者制度などに代表される、空間整備と運営を一体化する中で事業が実施されることが多いが、マーケティングやエリアマネジメントの手法でそのプロセスを進めるだけでは、パラレルライフを支えるソーシャルインフラとしては不十分であると考えられる。合わせて、開発された郊外地域から都心へ通勤・通学のために移動するマスボリュームの層に対するだけでなく、郊外地域の中で循環的に行動したり、地域外から地域に関係を持ち流入したりする流動層、すなわち「ノマディック」な人々のニーズに応える場所や活動も、コロナ禍以降、さまざまなものが派生しつつある。

また、地域に不可欠な医療、福祉、介護サービスだけでなく、就労、教育、人材育成など多様なライフシフトを支える場の形成が求められる。図2、3のように、近隣センターの店舗棟の所有者とNPO、テナント等が連携して、子どもや高齢者、子育て世代などの交流拠点と活動の場として利用する例が増えている。そこでは、開発当初の「近隣住区」理論に基づいた「区切られた近隣」ではなく、地区内外の個人がさまざまな組織や場所を介して重層的に関係する、「開かれた近隣」へと視点を転換することが求められる。こうした転換は、マルチレベルの地域コミュニティとネットワーク、非営利組織や社会的企業、個人・有志グループの事業体などが提供する多様なプログラムと、再目的化された場所の派生によってもたらされると考えられる。さらには、面的な整備で対応できない、分散的に発生する空き地・空き家の活用と運営や、

図4　秋田県五城目町で500年以上の歴史を持つ朝市の新しい仕組み「ごじょうめ朝市plus+」（2015年、朝市わくわく盛り上げ隊）の交流拠点のひとつ「いちカフェ」

図5　五城目町出身のUターン者が大正時代の古民家を改修し開設したオルタナティブスペース「ものかたり」（mono-katari. jp）

小・中・高の通学世代ではない、多様な世代の学びと文化活動を育むことなど、場所の再目的化の推進力となるプログラムや社会実験などが求められている。

　これまで、離島地域や中山間地域と呼ばれてきた条件不利地域も、豊かな自然と、豊富な、地域内のエコロジカルな循環などが、多様な学びを育てる環境として注目されており、都市部の子どもや親子を対象にした実験的な教育プログラムが実践されている。また、朝市など、中世以来の長い歴史を持つマーケットやコロナ禍以降、多数開催されるようになったマルシェの催事のように、経済活動と人・モノの交流の場が、新しいコンセプトや仕組みを伴ったり、従来の商店街や市場の他に新しく開かれた場所とリンクしたりすることで、パラレルライフを支える新たなソーシャルインフラとなる場合が見られる。図4、5のように、伝統的な地域の朝市の新たなしくみがきっかけとなり、移住者や周辺地域で商いを始めたい個人のスタートアップの場が集積するような例が見られ、地域産業や従来の商店街の持続性を高めている。大都市近郊の多自然地域においても、「パーマカルチャー」や「アーバン・ファーミング」[文2)文3)]などの取り組みが多数派生しており、土や自然との関わりを日常生活に取り入れるという意味のパラレルライフがデザイン可能となっている。

注

1) 東日本大震災5年後の2016年、岡山県西粟倉村とNPO「ETIC.」の呼びかけに賛同した宮城県石巻市、気仙沼市、岩手県釜石市などを含む8つの自治体による「ローカルベンチャー協議会」が発足し、多様な関わり方やナレッジ・経験のシェアなどを掲げて活動を継続している。
2) NFTとは、「代替不可能なトークン」を示す略語で、複製・偽造の不可能な証明書を付与したデジタルデータ、また、その技術のことである（『デジタル大辞泉』より）。

参考文献

1) コンソーシアムハグクミ『石巻ローカルベンチャー白書』（2017年～2021年）
2) ソーヤー海・東京アーバンパーマカルチャー『都会からはじまる新しい生き方のデザイン』エムエム・ブックス、2015年
3) 近藤ヒデノリ・Tokyo Urban Farming監修『Urban Farming Life』トゥーヴァージンズ、2023年

3-1 働き方、暮らし方のデザインを行うためのインフラ
エリアデザインでオフィスの価値を最大化する

CASE STUDY：日本設計本社移転プロジェクト｜株式会社 日本設計

図1　日本設計本社新オフィス（みんなの広場）

人生100年時代に向けた働き方の変化

働き方やワークプレイスのあり方は時代とともに変わり続けます。2020年の新型コロナ感染症拡大によって、瞬く間にリモートワークが浸透しました。オンラインコミュニケーションツールが急速に普及し、いまや皆当たり前のように自宅やサテライトオフィス、外出先でウェブ会議を行います。一部の企業は、働く場所としてオフィスの必要性が薄れたと判断し、都心オフィスの規模を縮小、あるいは地方に本社を移転しました。

このように人生100年時代に求められるのは、場所に縛られず、個々のライフステージに合わせて働き方を自由に選択できることです。しかしその一方で、実空間で偶発的に起こる「交流・共創・発見」こそが、未来の都市や空間の価値であると、私たち日本設計は考えています。そうした考えのもとで都心・虎ノ門における働き方のリデザインに取り組んだのが［日本設計本社移転プロジェクト］です。

日本設計のエリアデザインと本社移転

日本初の超高層［霞が関ビルディング］に携わった技術者を中心に組織された日本設計は、創立当初から都心部のまちづくりに注力してきました。都市計画提案制度の創設でまちづくりの中で民間企業による地域貢献が求められはじめた2002年以降は、西新宿、日本橋・八重洲・京橋、赤坂・虎ノ門などで地域の付加価値向上を図るエリアデザインに取り組んできました。個別の敷地で完結せずに周辺環境を読み解き、市街地

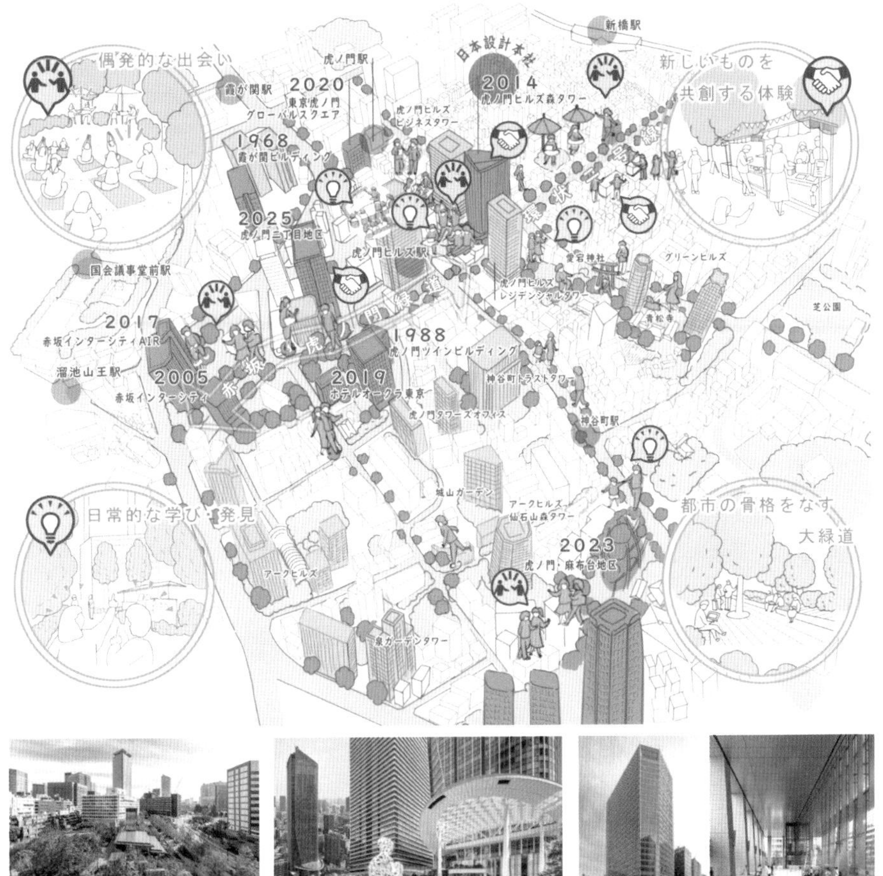

赤坂・虎ノ門緑道
(赤坂インターシティ AIR)

エリアをつなぎ、交流空間ともなる緑道空間を各開発が協調して整備。

虎ノ門ヒルズ森タワー

エリアのランドマークとなり、複合機能を超高層化することで広大な空地を創出。

東京虎ノ門グローバルスクエア

地下鉄の駅前広場空間が民地内に拡張整備され、エリアの玄関口の一つを担う。

図2　日本設計と虎ノ門エリアのまちづくりの関わり　(写真提供：赤坂・虎ノ門緑道〔赤坂インターシティ AIR〕、虎ノ門ヒルズ森タワー〔右〕、東京虎ノ門グローバルスクエア〔右〕：株式会社川澄・小林研二写真事務所／虎ノ門ヒルズ森タワー〔左〕：森ビル株式会社)

再開発事業などの手法を組み合わせて面的な計画づくりに取り組む、いわば都市スケールのアプローチです。

私たちの本社移転もこのエリアデザインの文脈上にあります。エリア一帯の価値ネットワークの構築を続けている虎ノ門エリアに身を置くことで、働く環境にも新たな可能性が生まれると考えました。[赤坂・虎ノ門緑道][虎ノ門ヒルズ森タワー][東京虎ノ門グローバルスクエア]とこれまで手掛けてきた虎ノ門エリアの各拠点や、日本有数の企業が集う都心部に潜在するビジネス機会、地域の歴史資源などをつなぐことで得られる日常的な学び・発見・偶発的な出会いは大いにポテンシャルを秘めています。

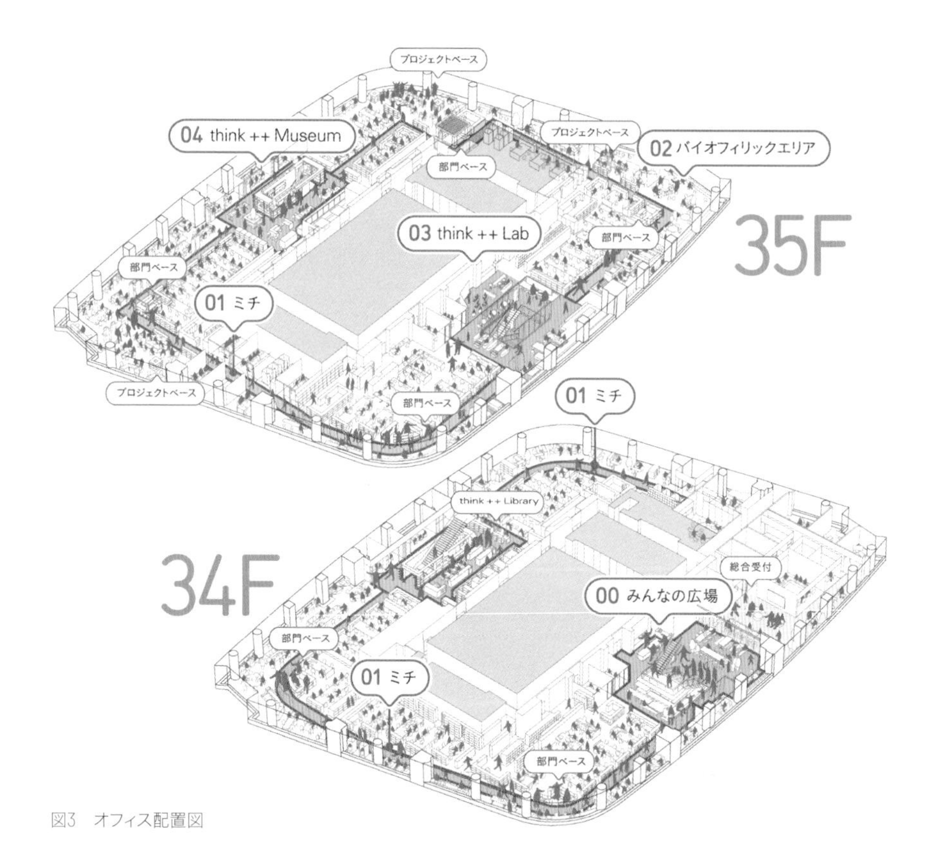

図3　オフィス配置図

交流・共創・発見が生まれるリアルな場

エリアの価値を活かし、本社オフィス内で働くことの価値を最大化するために、新本社は交流・共創・発見が生まれる場を目指しました。リモートワークやデジタル化が加速する時代、設計者にとって何より大切なのは、人が集う実空間や実体としてのモノに直に触れ、身体的な感覚と思考を養うことです。

2層のワークスペース（図3）は全部署フリーアドレスとし、社員が回遊するミチ空間（図4）や上下階をつなぐコア階段は、共創や出会いを誘発します。社内外の接点となる「みんなの広場」（図1）は都市の広場同様、日常的に人が集い交流する場所であり、全社的な交流の場も兼ねたフレキシブルなオープンスペースです。「バイオフィリックエリア」（図5）は、品川や芝公園の豊かな緑や水辺に着想を得て、ウェルネスと生産性の向上を図っています。最先端の情報をキャッチできる「think ++ Lab」（図6）は試行と実践を繰り返すラボ空間です。知る→考える→話す→試す→発信するといった実践サイクルをもち、大型プロジェクションスペースでリアルとバーチャルの融合も試みます。「think＋＋ Museum」（図7）は模型や実寸図、素材など「モノ」に焦点を当てたミュージアムで、見て触れる学びの場です。

また、オフィス空間の環境面でもデジタル技術を活用した新しい働き方を試行しています。日照環境など場所ごとに異なるパッシブ要素を受け入れることで、均一ではない環境の個性を創出する

図4　ミチ空間

図5　バイオフィリックエリア

図6　think++ Lab

図7　think++ Museum

とともに、AI技術を用いて最適な執務環境の提案をユーザーが受けられる新しい仕組みを構築しています。

働き方の自由とエリアで働く価値の最大化

　こうした働き方のデザインは物的環境の整備に限らず、働くことに関わる制度を整備していくことも欠かせません。本社移転に先立ち、働く時間を柔軟に選択できる勤務制度として、「共有フレックスタイム制度」を導入しました。また、各自の日々の行動内容をチームと共有したうえで、本社だけでなく自宅やサテライトオフィスなど、複数の拠点の中から働く場所を選択できます（図8）。多様な場所で働きながらエリアを楽しみ、日常から偶発的なビジネス創発機会を探ることも、子育てや介護との両立や資格取得といった社員一人ひとりのライフステージに合わせて働くことも、それぞれが

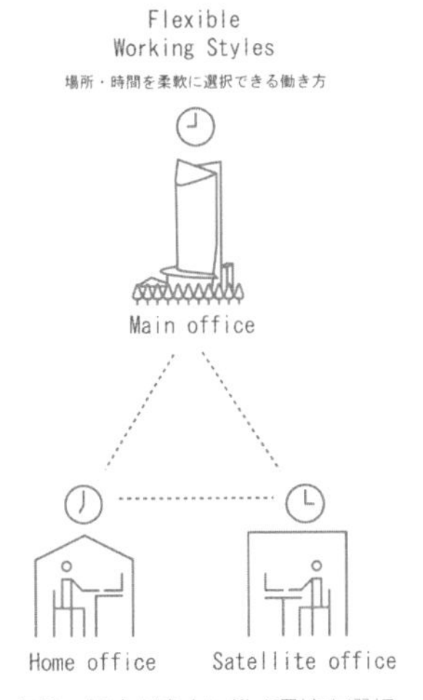

図8　個人が自由に働く環境を選択

自由に選択できる会社のあり方を目指しています。

　今後社会的にさらに多様化する働き方にあわせ、オフィスや制度のあり方も柔軟に更新しつつ、エリアのポテンシャルを最大限に引き出していければと考えています。

3-2 働き方、暮らし方のデザインを行うためのインフラ
エリアワーカーとして持続可能な地域活動に携わる

CASE STUDY：竹芝地区でのエリアマネジメント

東急不動産株式会社　根津登志之

図1　芝大神宮例大祭で町内を渡御する竹芝地区の神輿　（©吉岡晋）

社会的インパクト不動産の描く未来

不動産の利活用を通じて社会課題を解決する。近年は都市開発事業でも、地域に根ざした長期的な取組みが期待されます。国土交通省もこれらを〈社会的インパクト不動産〉と位置づけ、評価の仕組みを整備しはじめています。

東急不動産では、従来からまちづくりをハード整備だけでなく、地域社会との良好な関係作りを含めて行うものとして進めており、2013年以降、竹芝地区のエリマネ活動における地域の祭りへの参加を通じ、2020年の竣工に向けて地域社会や住民と共にエリアを活性化する活動を続けてきました。地域の価値を高める活動を通じて自社物件の価値向上にも繋がる好循環を生み出すためには、長期に渡り持続的に地域の課題解決に取り組むことが必要との思いからです。

オフィスワーカーからエリアワーカーへ

同時に人生100年時代は、企業に属する社員も自由に個人活動を行える、複層化するライフコースの実現が望まれます。ESGの観点から地域活動に参画する企業は年々増えていますが、一方で営利企業としての関与には一定の線引きが求められることも事実です。不動産からまちを変える

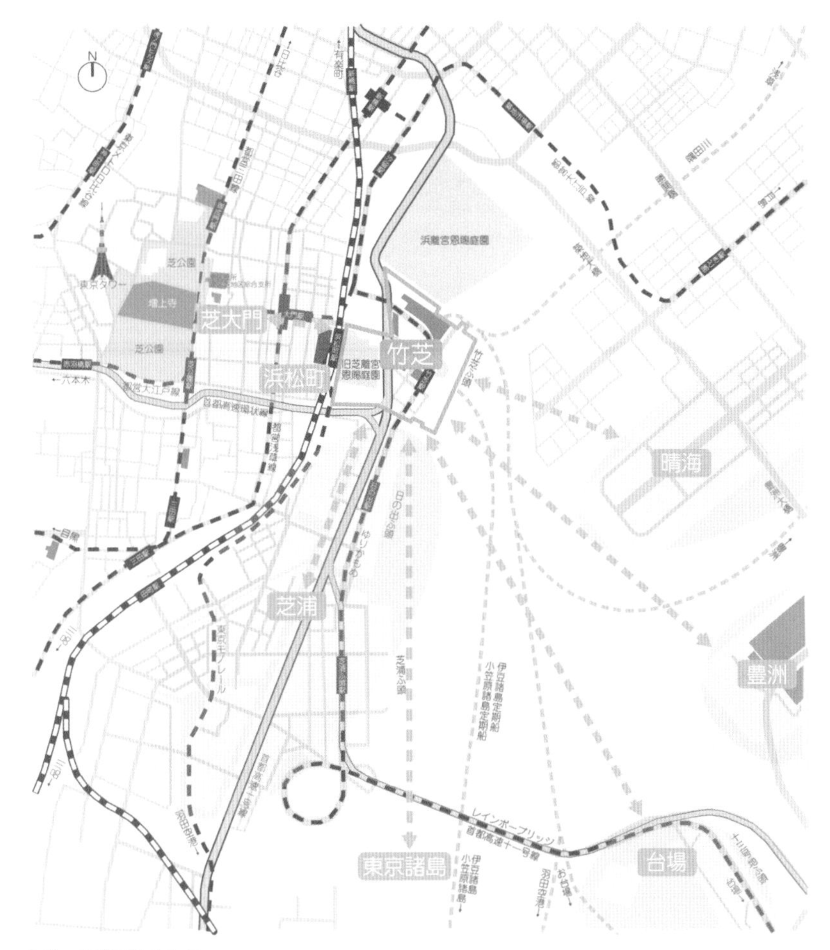

図2　広域エリアマップ

ためにも、本腰を入れて地域に関わりたい。企業活動の域を越え、オフィスワーカーではなくエリアワーカーとして働き、企業活動にも地域活動にも同時にコミットできる働き方が必要だと考えます。

エリマネ団体による神輿の復活

山手線浜松町駅の海側にある竹芝地区は、伊豆・小笠原諸島への玄関口である竹芝ふ頭、大名庭園跡の旧芝離宮恩賜庭園など、多様な公共空間が存在します。東急不動産と鹿島建設は、この約28ヘクタールの地区（図2青枠内）で地域の関係者とエリアマネジメント活動を進めています。当初は住民減少により町会活動が休止していた地区でしたが、2014年のまちづくり協議会（以下「まち協」）設立以降、周辺町会、事業者や行政を巻き込み、活動の幅を拡げてきました。そして2019年、地元・芝大神宮の例大祭「だらだら祭り」に竹芝地区から神輿が参加することになりました。十数基の町会神輿が参加する盛大なお祭

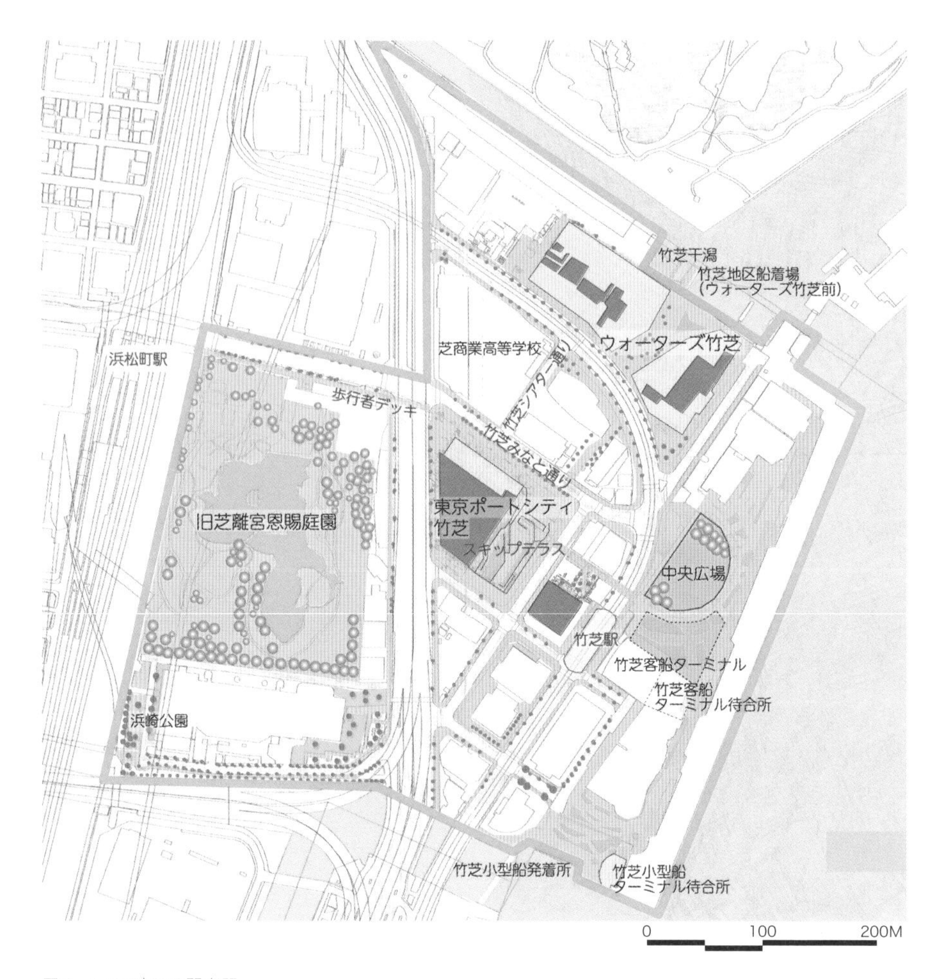

図3　エリア内の公開空間

りですが、「神輿が減ることはあっても増えることはなかった」と言われた、約30年ぶりの快挙でした。

当事者となってこそ共感が得られる

神輿の復活は、エリマネ団体から地元への打診で実現しました。やり切る覚悟で名乗りでたものの、勝手がわからない素人集団にとって祭りの準備は苦労の連続です。地元の方々はそんな私たちを、神輿修理の職人さんの紹介や各種作法の伝授など、様々なかたちでサポートしてくれました。迎えた当日、まち協会員企業従業員、芝商業高校の生徒や旧町会関係者、開発事業者といった多様な人々によって担がれた神輿は、無事に渡御を終えました。

この活動における最大の収穫は、神輿を出す主体となったエリマネ団体を支える地元と町会員減

図4　竹芝Marine -Gateway Minato協議会 活動概念図

少による地域活動の担い手不足を補う企業双方に、互いを応援するコミュニティを形成する機運が生まれたことです。私たちは地域の文化や営みを継承する当事者となって活動し、神社や周辺町会等とも自ら相対し、しきたりや作法を学びました。担ぎ手や準備を手伝うだけでは知りえない部分です。結果として、この姿勢が地域の共感を得ることに繋がりました。

持続可能な地域組織がまちを変える

今後は、祭り以外のフィールドへと更に活動の幅を拡げ、参加者を増やすことを重視していきます。活動メニューが増えれば企業側の承認も容易になるうえ、参加者が増えれば1人当たりの負担が減り、個々のライフステージに合わせて参加頻度を変えることが可能です。人生100年時代では、世代間の交流がこれまで以上に求められるなか、地域活動は多世代を繋ぐコミュニティになり得ると考えます。地域活動参加のハードルが下がり、主体的に関わる多世代の人が増えることで、地域との信頼関係も深まり活動の質や持続性も高まることが期待されます。その結果、地域が活性化してくると、所有物件を活動の場として提供する企業が出てくるかもしれません。自身の活躍の場を求める人が地域活動に関わることで多様な魅力を持つ地域社会が存続することに繋がれば、新たなまちづくりの形といえるのではないでしょうか。

2020年に竹芝地区は、祭りだけでなくエリアの資源・資産を活用するための協議会（図4）を組織しました。住民、行政、学校等の多様な主体が集い、活動規模は年々広がっています。地域企業の社員である私たちも、もちろんいち当事者の気概をもって今後も活動に取り組んでいきます。

3-3 住居は人生に寄り添う社会インフラになる

働き方、暮らし方のデザインを行うためのインフラ

CASE STUDY：長期維持保全管理システム

旭化成ホームズ株式会社　八巻勝則・柏木雄介

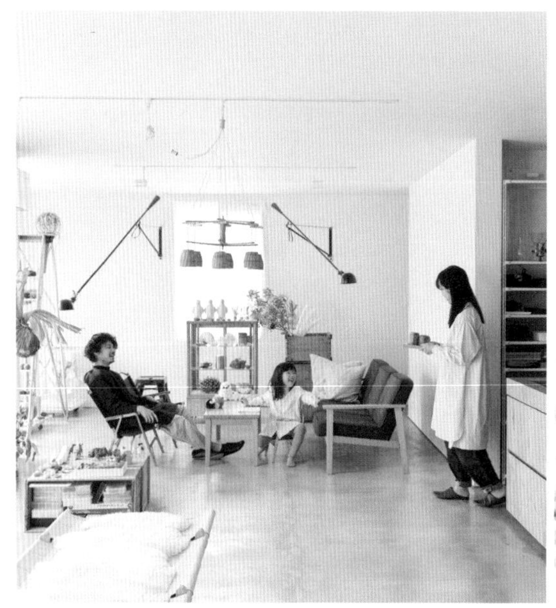

図1　住まい手との長期的な信頼関係

保全管理の変革で住まいはインフラになる

人生100年時代の多様なライフスタイルに対応し、望むべき住環境をすべての人に提供していくには、住宅ストックを量産してきたこれまでの思考から、個々の住宅に備わる保全管理情報や住まいに込められた想いを、社会インフラとして共有していくことへの発想の転換が求められます。へーベルハウスでは1998年の「ロングライフ住宅宣言」以降、25年にわたって住まい手の一生に寄り添う長寿命住居の実現を目指してきました。その実践の1つでもあり、住宅を社会インフラと位置づけることを目指したのが旭化成ホームズの保全管理の仕組みです（図2）。

30万枚の住まいの「カルテ」

へーベルハウスには、設計図や仕様書、定期点検やメンテナンス履歴が記録される住まいの「カルテ」が存在します。住まいを見守り続けることが長期間住まいを保全・管理する上では重要であると考えたことから、1972年の1棟目から保全記録を残し続け、2023年3月現在、約30万枚のカルテが存在します。この記録をベースにして行われる定期的な点検やメンテナンスによって、当社とお客様とが密接に関わり合いながら、住まいのハード面のロングライフを実現する保全管理の仕組みは成り立っています（図3）。

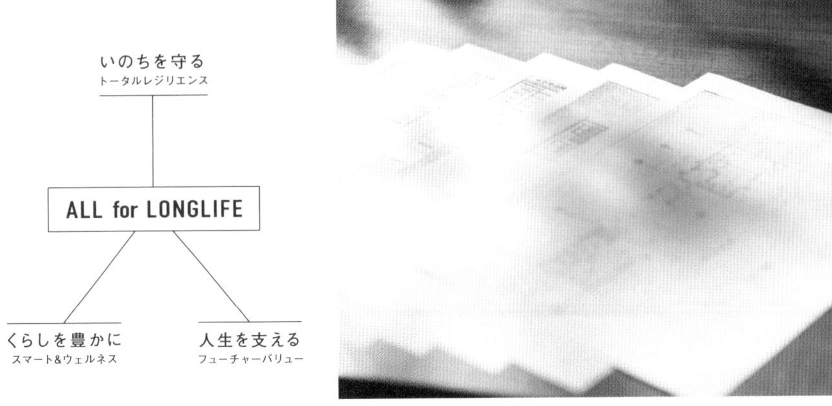

図2　ALL for LONGLIFEのコンセプト

図3　住まいのカルテ

住まいの価値を次世代につなぐ

長期的な関係づくりは親から子へ、そして孫へと住まいを受け継ぐ一助でもあります(図1)。メンテナンスを行う者と住まい手でメンテナンスの履歴や設計図書、地盤調査データやお約束した保証などの住まいの記憶が共有され、受け継がれていくことで、居住の安心感は生まれます。また家族間で共有される経緯や想いだけでなく、売買等によって受け継がれた第三者にもプログラム化されたメンテナンスに裏打ちされた資産価値などの住まいの価値が継承されていきます。実際このカルテは、国内外の住み替えの受け皿として、住み継ぎを円滑に進めるツールとしても活用されています。世代や地域を超えて引き継ぐとき、その住まいがどのようなメンテナンスを施されてきたのか、どのような経緯や想いが込められているのかは、通常はわかりにくいものです。それらの情報を一元化することは、新しい住まいの活用可能性や、地域レベルでの住環境とその課題を把握することにも役立ちます。

住宅インフラが暮らしを自由にする

また、こうした長期にわたる保全管理(住まいの記憶の共有)が社会インフラとして浸透し、あらゆる地域で住まいの保全管理情報が網羅的にアーカイブされれば、受け継がれる"家の価値"は飛躍的に多様化するはずです。例えば、住まいのカルテのある家に<住む権利>のみを購入するという選択が可能になるかもしれません。住まいが地域を横断する共有ストックとして繋がれば、現在主流である「所有か賃貸か」の選択肢だけではなく、一カ所にとどまらず自由に拠点を移動できる暮らしを選びとれる日が来るかもしれません。また、保全管理で得られる情報を住居相互のエネルギーシェアに活用できれば、電力の自家消費率を向上させ、生活コストを下げることができるはずです。

これからの都市において、永く使える住まいはますます重要性を増しています。多様なライフスタイルが求められる人生100年時代に、旭化成ホームズは住宅産業を担う立場として保全管理の仕組みを一層展開し、より自由な暮らしを提供していくことを目指します。

3-4

都市と農村のライフシーンを混在させるためのインフラ

都市河川はリゾートインフラになる

CASE STUDY：隅田川表裏反転

株式会社佐藤総合計画　関野宏行・吉田朋史

図1　隅田川が世界的なリゾート地になる

都会に日常的なリゾート環境をつくる

自然あふれる環境で余暇を過ごす贅沢は、都心のせわしない日常から離れたどこか遠い山間や水辺の非日常だけにあるのでしょうか。利便性にあふれた東京は「働く世代」に適した都市構造をもちますが、多くの場合、郊外の住まいから通勤に1時間以上を費やしています。一方、職場に近ければ近いほど居住環境はウサギ小屋に近づいていき、周囲に豊かな自然はありません。

人生100年時代における大都市・東京の暮らしを思い描くとき、求めたいのは人工的で無機質な都市でも、朝の通勤混雑に耐える日常でもありません。社会構造が大きくそして急速に変化するなか、次々求められる多様な働き方や生活スタイルに対応できる新たな都市環境が望まれています。そのためには、都心であっても季節を感じ、自然との対話で心が豊かになる場所、つまり愉しく美しい環境が必要です。

19世紀に同じような考えで計画された都市施設に、ニューヨークの［セントラル・パーク］があります。設計者のフレデリック・ロー・オルムステッド（Frederick Law Olmstead）は、公園の使命は「都市大衆に田園に出かけるのとおなじような思いをさせること」[注1)]と言います。人口が増加し続けていた大都会マンハッタンの中央部に、広大な自然環境を計画したことは、まさに都市リゾートの必要性に対する先見の明です。

人生100年時代には［セントラル・パーク］のような都市に生態系が息づく自然環境、つまり日常的に心身の豊かさが得られる「リゾートインフラ」を計画的に整備する必要があります。そして現在の東京の都心部でリゾートインフラになり得る場所の一つが川、そして都心部を流れる隅田川だと

図2　平成隅田川夢情

考えています。

想像してみてください。隅田川の水が四万十川のように清流だったら。コンクリートの無機質なカミソリ堤防[注2]がなくなり、自然あふれる堤に囲まれたまちのオアシスになったら。美しい水辺でキャンプや釣りなどを楽しむ活動をし始めたら。隅田川を愉しみのリゾートインフラに変えるために、川と、川に接する敷地・建築を一体に計画することを考えました（図1、2）。

図3　永島春暁「東京両国橋　川開大花火之図」東京都江戸東京博物館蔵 東京都歴史文化財団イメージアーカイブ
（画像提供：東京都江戸東京博物館／DNPartcom）

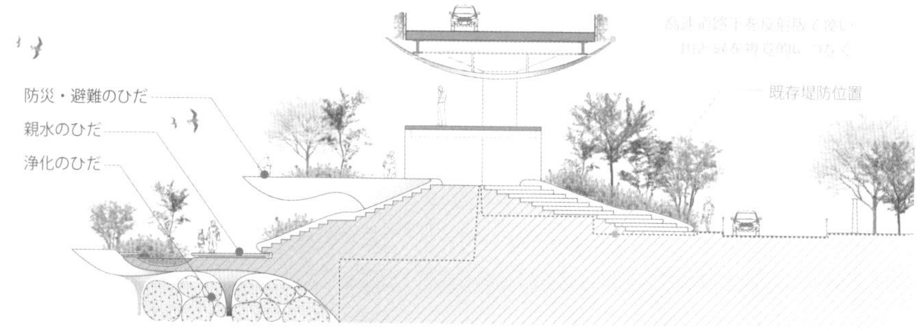

図4　隅田川左岸のひだ状堤化構想

川はかつてハレの場だった

かつて江戸にとって隅田川はハレの場所、江戸のリゾートの場所でした。隅田川近くに生まれた葛飾北斎や歌川広重など、数多くの人気絵師による浮世絵に描かれた隅田川の美しさ、賑わい、愉しさは、江戸の民衆の心のよりどころであり、芸術的な創造の源でありました（図3）。能や歌舞伎、人形浄瑠璃の世界とも深く結びついています[注3]。私たちの会社はそのような地に拠点を構え、隅田川をいつも身近に見てきましたが、2011年東日本大震災をきっかけに、自らが根ざすこの「地」に改めて目を向けるようになりました。

江戸から一転、昭和の高度成長期には多くの江戸っ子に「隅田川に蓋をしたい」と言わしめるほどの悪臭を伴う耐え難い汚染が進みました。その後川の汚染は徐々に改善されましたが、まだまだ不十分です。日本には美しい川がたくさんあるのに、なぜ隅田川はそうではないのか。いつから「まちの裏側」となったのか。かつての魅力を取り戻すために、建築・都市の専門家集団として改めて身近にある隅田川との対話を始めました。それが「隅田川表裏反転」です（図4）。

図5　両国リバーセンター界隈のかわなみ　写真：川澄・小林研二写真事務所

隅田川というリゾートインフラで愉しむ

川の水の汚染改善や堤防を取り除くことは私たちにはできませんが、できることから 始めようと提案したのが「隅田川表裏反転」であり、その構想に共感してくれた企業や自治体とともに実現したプロジェクトが［両国リバーセンター］です（図5）。

まず何よりも重要だったのは、まちと川を分断しているカミソリ堤防を視界からなくし、まちと川を、空間的にも意識的にも連続的につなぐ簡易なスーパー堤防化[注4)]です。これにより人と川との断絶をなくすことを考えました（図6、7）。
川と敷地ぎりぎりのラインに堤防を移設し、川側は階段状のテラスとして、敷地側はその堤防頂部のレベルにデッキテラス、レストラン、フェリーの待合など、開放的で賑わいを生む施設を配置しました。その結果、多くの人が段床に腰をかけて川の風景を眺めるようになりました（図8、10）。建物の低層部にはまちと川との通り抜ける大階段を計画しました（図9、11）。日中はまちから川の風景が垣間見え、夜は水の揺らぎのような階段照明を灯します。

また［両国リバーセンター］には民間のホテルが参画しています。隅田川はもちろん、両国国技館、高速道路、スカイツリーが眼前に広がり、ここにしかない街並みならぬ「かわなみ」と風景を楽しめます。水辺のターミナルと直結しているので、羽田空港からも船でアプローチでき、水上バスで隅田川や東京湾まで優雅なクルージングも楽しめる、まさに川が主役のシティリゾートです。

このような川を表にする活動がまちに連鎖し、川沿いが新たな都市開発の事業価値を持ち得ることで、隅田川は真に「リゾートインフラ」に変わり、かつての文化的役割をも取り戻すことを期待しています。

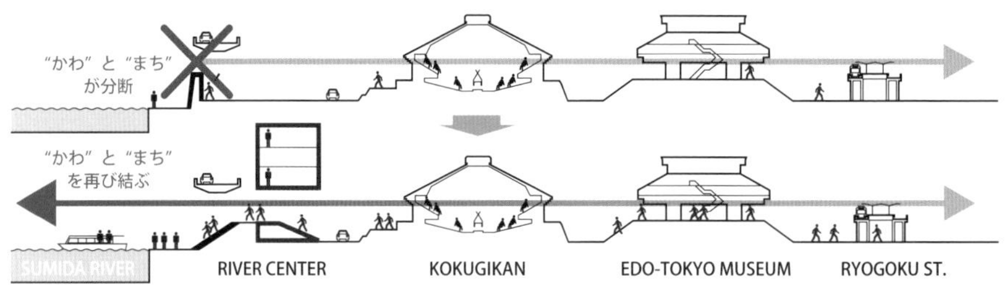

図6　両国リバーセンターが川とまちをつなぐ

図7　カミソリ堤防から簡易なスーパー堤防へのBefore After　右写真：新建築社

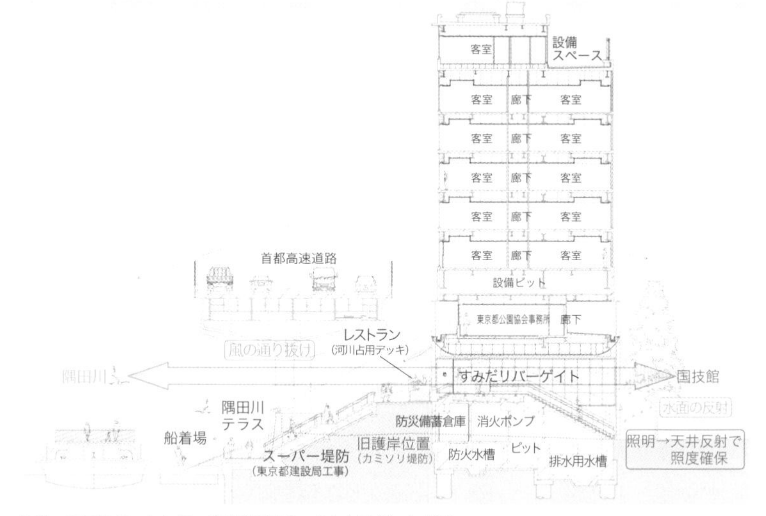

図8　両国リバーセンター東西断面図、まちと川がつながる

注・参考文献

1) ルイス・マンフォード(Lewis Mumford)著、生田勉訳『都市の文化』鹿島出版会、1974年、224頁

2) カミソリ堤防：コンクリートでできた直立の高潮堤防

3) 陣内秀信著、『水都 東京』筑摩書房、2020年、18頁

4) 簡易なスーパー堤防：カミソリ堤防とスーパー堤防(高規格堤防)との中間的な堤防としての造語

図9　川へいざなう揺らぎの照明が大階段に灯る　写真：川澄・小林研二写真事務所

図10　河岸でのイベント風景、日常でも段床で川を眺める人が増えている

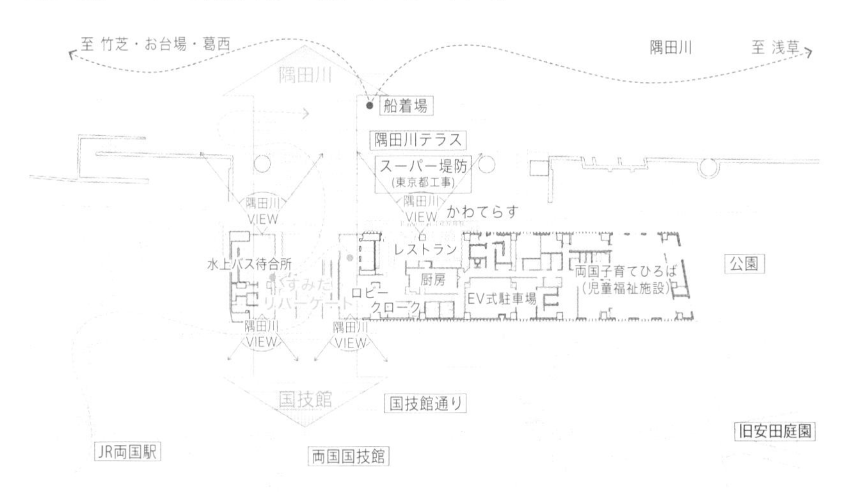

図11　両国リバーセンター２階平面図

3-5 都市と農村のライフシーンを混在させるためのインフラ
「異なるものさし」を得る多拠点教育

CASE STUDY：徳島県デュアルスクール｜東京工業大学　松井雄太

図1　デュアルスクールを利用している都心部の児童（右）と地域の児童（左）

子どもたちにも多拠点で育つ選択肢を

徳島県にある小さな小学校で、無邪気に遊ぶ女の子が二人。一見普通の光景ですが、一人は普段、都心部の小学校に通っています（図1）。彼女は「デュアルスクール」という制度を利用し、この小学校で2週間、徳島の小学生と共に学びます。

近年ではテレワークを利用した働き方が浸透し、大人は働く場所を問わなくなってきました。子どもたちも学びの場所を問う必要がなくなれば、その選択肢が大きく拡がることとなるでしょう。

このような想いを実現したのが徳島県のデュアルスクールです。

都心部での生活を維持したまま徳島で学ぶ

デュアルスクールとは、徳島県と株式会社あわえが取り組む、都市圏の小中学生が徳島県内の学校に短期間通うことを可能にする制度です（表1）[注1]。期間が2週間と短く[注2]、一年間に複数回往来することもできるため、都心部での生活への支障を最小限に抑えられます。

デュアルスクールを実現したのが「区域外就学制度」の活用です。これにより、都市部に住民票を置いたまま、徳島県の学校に学籍を異動し、受入学校での就学期間を出席日数として認めることができるようになりました。

受入学校には非常勤の「デュアルスクール派遣講師」が配置され、児童の学習や学校生活の支援が行われます。この派遣講師は都心の児童・生徒よりも早くから受入学校に入り、都市部の学校との連絡調整業務を行うことで、受入学校の負担を軽減しています。

表1　デュアルスクールの内容

制　度	「区域外就学願」の届出により、徳島と都市部の2つの市区町村教育委員会が協議し承認されれば、住民票を異動せずに転校することが可能
期　間	基本的に約2週間。年に複数回実施可能
生徒の対象	・三大都市圏（首都圏・中京圏・近畿圏 等）及び徳島県内の公立小中学校に通学する小学1年生から中学2年生までの児童・生徒 ・保護者と共に市区町村内で生活できる児童・生徒 ・社会や学校の規則・マナーを守り、他の児童・生徒と協力して落ち着いた学校生活を送ることのできる児童・生徒
費　用	宿泊費などは自己負担
授業日数	住所地の学校と受け入れ市町村内の学校、双方での授業日数が出席として認められる
学習支援	徳島県の小中学校には、学習進度の違いを調整するための教員を配置し、児童生徒の学習を支援する

子どもたちが得る「異なるものさし」

異なる地で学ぶ2週間、児童は学校の内外で様々な経験をします。課外活動での農作業体験や、放課後や休日の阿波踊りの練習会（図2）への参加も可能です。これらの経験を通じて、子どもたちは地域の人々や文化、自然に触れていきます。

受入地域の子どもたちにとっても、都市部から来る子どもとの交流は大きな刺激となります。学校によっては1学年の児童数は10数名しかいないため、都心部から1人の子どもが訪れるだけでも大きな影響です。都心から来た児童に興味津々な児童、恥ずかしがる児童、最初の反応は様々ですが、2週間を通して子どもたちは少しずつ交流を深めていきます。

そうした経験の中で、子どもたちはお互いに異なる環境で育んだ価値観に触れていきます。幼少期から様々な「異なるものさし」を得ることは、視野の広さや柔軟さに繋がります。都心部の児童が徳島県のことを第二の故郷のように思い続けるようになるかもしれません。

デュアルスクールは地域にも影響を与える

デュアルスクールはもともと、徳島県のサテライトオフィス利用者が子どもを帯同させたいという想いから始まったものでした。子どもを連れた家族の短期間居住が可能になれば、関係人口の増加、定住人口の増加に繋がります。

図2　地域の阿波踊り連の練習に参加するデュアルスクールの児童

デュアルスクールは都心部の子どもたちにだけでなく、受入地の子どもたちや地域社会にも多くの刺激を与える取り組みです。これまで長らく行われていなかった子ども神輿が復活したこともありました。この取り組みが他地域にも伝搬していき、全国の教育がシームレスにつながると共に地域の伝統や文化が再評価・再認識されることが期待されます。

注

1) 徳島県の小中学生が都市圏の学校に行くことも可能（事例なし）。

2) 初回は2週間、以降は1ヶ月間など長期利用可。

3-6

地域固有の小さな自営業を生み出し守るためのインフラ

地域固有の小さな自営業を生み出すための場所のデザイン

CASE STUDY：富山県高岡市「サカサカ」｜東京工業大学　真野洋介

図1　アウトドア・リビングと呼ばれる半屋外のシェアスペース

地方商店街の再目的化と新たな近隣コミュニティ構築に向けて

地方都市における多くの商店街はこの20年間、「シャッター街」「スポンジ化」など、停滞した状況をあらわす象徴的な言葉とともに、店舗数、売上高など定量的には減衰のプロセスをたどってきた。一方で、「エリアリノベーション」[文1)]や「稼ぐまち」[文2)]など、ビジネスの土壌とロジックをしっかり確立しながら再生に取り組む動きも一定の潮流をつくり出している。これら2つの流れについて、「明暗を分けるものは何か」と考えるか、「表裏一体のものである」と考えるか、また、「新たなはじまりへの転機」は何で、そこから何をどのように始めれば良いのか、さらには「場所」から「まち」に接続し、広げていく創発[注1)]のトリガーは何か、などと考える方も多いだろう。

このように、新しい目的を持つ場所として、また、人生100年時代のソーシャルインフラとしての商店街を捉え直し、地方都市における小さな自営業のスタートアップが派生するというアプローチで見てみると、転機を作るために以下のようなことが考えられる。

1) アーケードや商店街組合、再開発ビルなど、運営コストが大きく小回りのきかない物的・組織的インフラをなくす、ないしはスマートにする
2) 通りやエリアにある資源を見直し、場所のデザインに還元し、再び組み立てる
3) 異なる質やデザイン、業種・業態のミックスを順次進めることで、集合的な（コレクティブ）イ

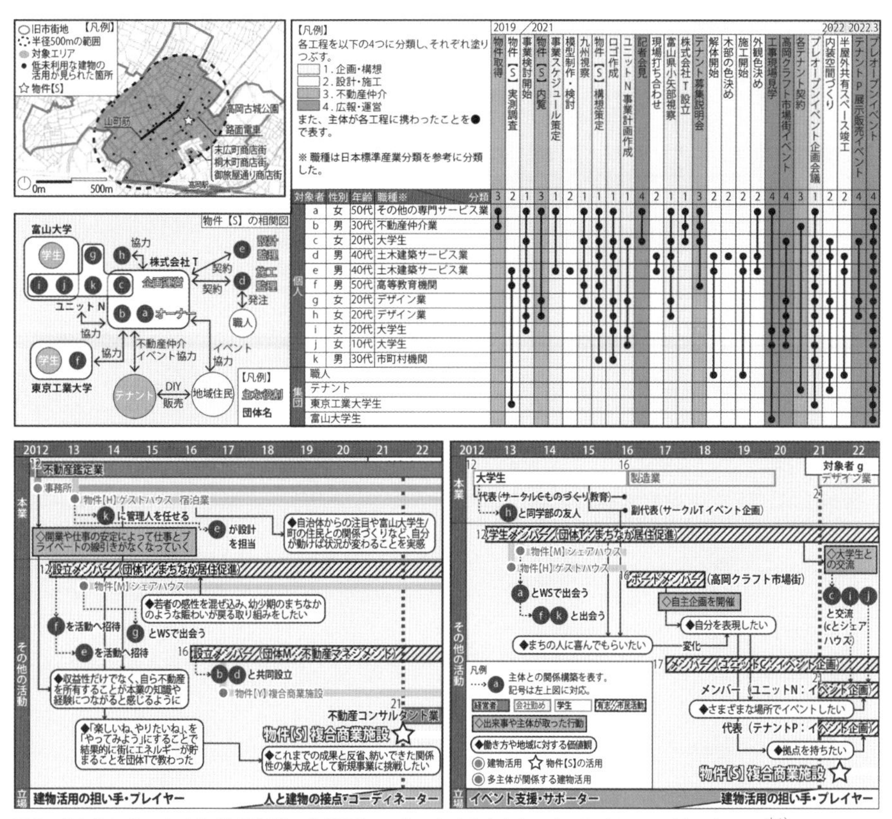

図2　サカサカプロジェクト(物件[S])の位置図と、プロジェクトを支えるチームビルディングのプロセス[文4)]
作図：中田海央

ンパクトをつくりだす

4) 場所との関係が切れている人々の意識や関心、関わり方が再び集まる流れをつくる

継続的な居住者や店舗営業者が少なくなった商店街を中心とした旧市街は、郊外や周辺地域に住み、活動する多くの市民にとって関わりの薄い場所となっている。地域を訪れるきっかけや、それぞれの場所との関わりを新たにつくることから始める必要がある。こうした関わりの密度を高め、多様なつながり方を持つことが、地方都市の旧市街における「新たな近隣」マネジメントを担うコミュニティ構築の第一歩となる。新たな近隣を支えるコミュニティのモデルとして考えられるのは、旧市街をライフスタイルの主なフィールドとして選択(ライフシフト)し、新しい場所で生活と仕事をスタートアップする人々を中心とし、時間をかけて関係を築きあげていく「ライフシフト・ベース」のコミュニティである[文3)]。

地方都市におけるパラレルライフとは

東京など大都市におけるパラレルライフは、次々生み出されるサービスや多種多様な選択肢の中から自由に組み合わせていくようなイメージがあるが、地方の小規模な都市においては、これまでの暮らし方、働き方と異なるものさしで考え

図3　サカサカプロジェクト外観

られる場所や、ぴったりくる仕事・暮らしのポートフォリオを受け止める器が、住まいにしても仕事場にしてもなかなかないのが実情である。コミュニケーションの場についても条件が限られていることが多く、近い価値観や意識を持ったコミュニティを新たに形成するというよりは、人生やキャリアのフェーズが異なり、意識や価値観も違うバラバラな人々が隣り合い、相互に参照する、すなわち文字通りパラレルな状況の中で自分の位置づけや新しい機会を見出し、自らのライフデザインに還元していくようなスタイルが適しているように感じている。

店舗や事業所の形態についても、飲食店舗、小売店舗、美容系店舗、オフィスなどいずれも、チェーン店やショッピングモールなどに見られるような、一定の規模と規定の寸法にもとづく「箱」のイメージが強く、移住やライフシフトの多様な場面やニーズに合う「新しいものさし」でつくられた環境は少ないため、既存のストックをどうこの新しい「丈」に合わせて活用するかが重要となる。しかしながら、木造平屋、長屋、戸建て、小規模ビルなど、スケールと寸法がつかみやすく、シンプルな構造・構法を持つという点で、見立て方次第で自分のものさしでカスタマイズしやすい物件も多い。以上のような背景のもと、筆者らが富山県高岡市の有志メンバーとこの10年考え、取り組んできた先に生まれたのが本事例である。

小さなところから商いや仕事を育てる場所

[サカサカ]プロジェクトは、2020年コロナ禍のまっただ中、メンバーの継続的な対話とこれまでの空き家活用の試行錯誤から生まれた、「つどう・つかう・つながる」をコンセプトとした、小さなエリアの長屋店舗群を再目的化し、複合施設に転用する計画である(図3)。

「小さなエリア」と位置づける坂下町は、加賀百万石前田氏の城下町を起源に持つ、富山県高岡市旧市街の中央部に位置し、通称「電車通り」と呼ばれる路面電車の走る通りと、旧北陸道の街道筋の交差点を起点とするエリアである。そこから北に延び、高岡大仏を正面にのぞむ街道筋は「坂

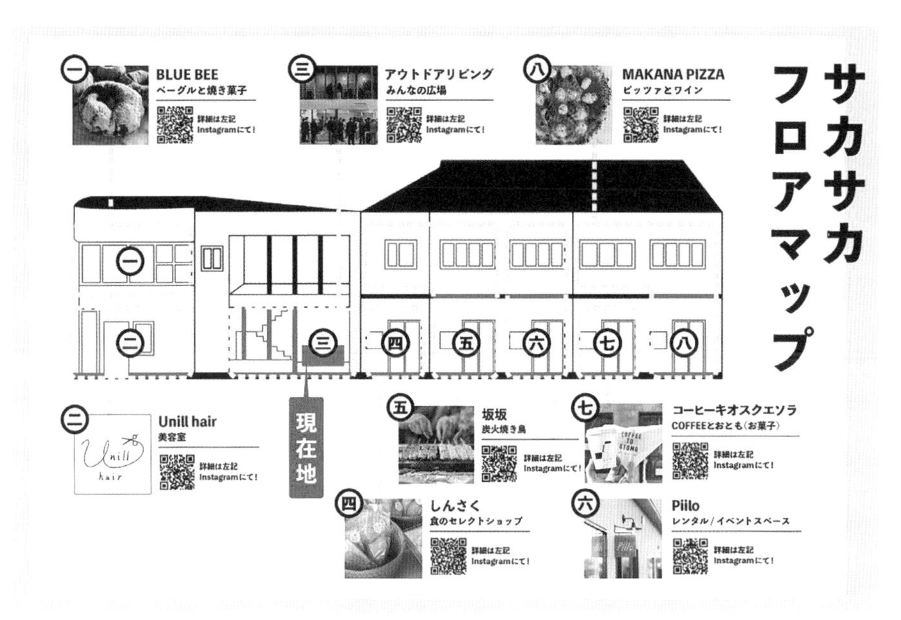

図4　サカサカに入居している各テナントのフロアマップ　作図：Piilo 近藤沙紀

下町商店街」として、城下町開町以来の歴史を持ち、昭和初期から1970年代にかけて高岡随一の賑わいを持つ商店街となっていた。2008年にアーケードが撤去されて以降は、住宅や駐車場に置き換わる場所が増え、商店街の役割は薄れつつあった。

一方、2010年代はじめから、地元事業者と大学有志で活動を始めた「高岡まちっこプロジェクト」では、まちに住む学生や若手事業者（伝統工芸の職人やデザイナー、経営者など）の交流の場を設け、空き家活用によるシェアハウスや交流型の宿泊施設のプロジェクトを進め、まちなか地域における政策、ビジネスと市民活動に対して一定のインパクトをもたらしていた。そこで見えてきた課題は主に以下の二つであった。

ひとつは、一連の活動に参加し、経験を得た学生や若い社会人が、その後も自発的・継続的に活動したいと思える場所がまちなかに少ないことである。様々な「創業支援」の制度はあるものの、「創業」の最初のきっかけやモチベーションを発出するような環境は少ない。

二つ目は、個々人のスタートアップに関して、建物所有・運営側、テナント側双方とも、ライフシフトのどの場面やどういう意識に基づくスタートアップなのか、人によって位置づけが異なるため、限られた条件でしか始められないチャレンジショップや空き家活用プロジェクトでは、マッチングやテナントミックスが成立しないことである。さらには、行政が商業活性化やエリアリノベーション施策の対象地区にしているような中心商業地域では、1970年代から90年代にかけての、スケールアップ志向の時代の建物が多く、設備投資や賃料、元の建物が持つ雰囲気・意匠の生かし方などの面で、場所の再目的化を考えるのが難しく、スタートアップの場所として適しているとは言えない場合が多い。このように変化する状況と問題意識のもとで本プロジェクトはスタートした。

図5　サカサカ2Fに入居している飲食店「坂坂」店内

図6　アウトドアリビングを活用した移住相談会の様子

パラレルライフを支えるプロジェクトの時間軸とコモンズ

［サカサカ］プロジェクトでは、プロジェクトの構想から着工までに約半年、建物躯体のリノベーション竣工までに約10ヶ月、躯体竣工後、最初の店舗がオープンしてから、全てのテナントが入居し、揃って運営に至るまでに約1年半の時間が経過している。チームビルディングに関しても、建物オーナー、設計者、施工者、テナントの4者に加えて、施設の管理・運営を行う会社、企画・広報のサポートを行うチームやサポーターなどが集まった事業体となっている（図2）[文4) 5)]。こうした多数のプレイヤーが関与するプロセスは、通常の店舗や事務所整備のプロセスよりは長くかかるものの、まちの変化や持続可能性の視点から見ると、段階的なプロセスの方が好ましく、レジリエントなプロジェクトと見ることもできる。

現在入居しているテナントをライフシフトの視点から見ると、以下のタイプがある（図4、5）。

1）企業や店舗でのこれまでのポジションから独立し、新規開業する場合

2）現事業の第二創業や、新しいコンセプトのパイロット的新店舗を開業する場合

3）今の仕事を継続しながら、新たな役割の別の仕事や場所を立ち上げる場合

起こしたい場所や事業を具体化し、本プロジェクトのテナントとして入るまでには、構想レベルから事業計画・資金調達レベルに至るプロセスと、事業をテナント空間に落とし込み細部を詰めるプロセス、他の店舗や運営者と協働し、事業運営を軌道に乗せるまでのプロセスの三つの段階が、立ち上げ当初の時間軸として存在する。

パラレルライフを支えるもうひとつの重要な特徴は、主に運営側の視点になるが、先に述べたさまざまなテナントのニーズやフェーズに応える仕組みと空間に合うようなパズルの枠を用意するだけでなく、その場所に集まる人々に向けたメッセージやコミュニケーションを発信する空間と仕掛けをコモンズとしてプロジェクトに組み込み、通常のテナントの外側に向けた接点をつくっていることである。テナント専用空間以外の共用空間として、「アウトドア・リビング」と呼ばれる、キッチンカウンターやトイレ等の設備を有する半屋外スペースを設け、運営側主催で行う企画、テナントが独自に主催する企画、両者の共同企画、外部から持ち込む企画などが実施できる（図1）[文6)]。また、各店舗や施設のサインに加えて、「アウトドア・リビング」独自の季節ごとのデコレーションやアクティビティが、道行く歩行者だけでなく、路面電車

図7　毎年秋に中心市街地で開催される伝統工芸体験イベント「高岡クラフト市場街」の時のアウトドアリビングのファサード風景

に乗っている人、車で道路を通行する人にも視覚的に伝わる。また、コラボレーションの楽しさが企画者だけでなく、来訪者にも伝わる空間となっている（図6、7）。

以上のような、多様なライフシフトのフェーズにある人々のパラレルライフを支え、潜在的な意識やアイディアを形にする「リビング・ラボ」のような場所が、本事例のように比較的小規模なリノベーションプロジェクトでも実現可能であり、地方都市旧市街における新たな近隣コミュニティ形成のハブとしての役割を持つと考える。

注

1）創発とは、個人と組織に関して、適切なコミュニケーションが行われることによって個々人の能力が組み合わさり、創造的な成果を生み出すような状態をあらわす。

参考文献

1）馬場正尊編著、『エリアリノベーション変化の構造とローカライズ』学芸出版社、2016年

2）木下斉、『稼ぐまちが地方を変える 誰も言わなかった10の鉄則』NHK出版、2015年

3）真野洋介、「ライフシフトと地域デザイン　第3回　重要伝統的建造物群保存地区にみるライフシフト：高岡市山町筋のケーススタディ」、『まちむら』152号、公益財団法人あしたの日本を創る協会、pp.45-49、2020年

4）中田海央、市川達博、加納亮介、真野洋介、「富山県高岡市旧市街におけるリノベーションプロジェクトの連続的展開についての考察」、『日本建築学会大会学術講演梗概集　都市計画』、pp.366-367、2022年

5）中田海央、山本響、加納亮介、真野洋介、「役割を横断する個人同士が構築するチーム体制の実態と展開可能性　－富山県高岡市のサカサカリノベーションプロジェクトを対象として－」、『住宅系研究報告会論文集』第17号、日本建築学会、pp.173-182、2022年

6）門馬奈美、加納亮介、真野洋介、「小規模な複合商業施設における半屋外空間の利用方法と主体の変化に関する研究－人生100年時代の地方都市から組み立てる、ライフシフトに対応した都市・地域のデザイン その7－」、『日本建築学会大会学術講演梗概集　都市計画』、pp.165-166、2023年

資料・調査協力

（株）つつつ、（株）住まい・まちづくりデザインワークス、Piilo、東京工業大学真野研究室（山本響、中田海央、矢原馨、門馬奈美、高崎温）

3-7 地域固有の小さな自営業を生み出し守るためのインフラ
多世代の人生を場所の固有性で重ね合わせる

CASE STUDY：酒田駅前再開発「光の湊」

株式会社アール・アイ・エー　渡邊岳

図1　勇壮な鳥海山を背景に酒田駅前に整備された「光の湊」

地域の潜在的な価値を引き継ぐ再開発の考え方

人生100年時代に向けて、地方都市の中心市街地再開発においても、地域の潜在的な価値を活かすことが求められるようになってきました。地方都市の拠点開発は、デパートや高級ホテルを誘致することから、地元に愛される居場所をつくり育むことへと移り始めています。再開発のなかで地域の潜在的な価値を活かすということは、単に歴史的な文化財を残すことを指すわけではありません。重要なことは、子どもや若年世代にも目を向けて、地域に住まう多世代が大切にしている空間、時間を構築する要素を、新しい空間づくりの中に埋め込みなおしていくことです。本稿では、このような視点から生まれた、酒田駅前再開発「光の湊」の試みを紹介します（図1）。

図2　元の建物にあったル・ポットフー

図3　従後のル・ポットフー

図4　空き地状態が長く続いた酒田駅前

地元の老舗レストラン「ル・ポットフー」

北前船で栄えた山形県酒田市。豊かな海や山の幸と江戸期からの人の往来が、豊かな文化を育み、「住みたい田舎ベストランキング」の「シニアが住みたい田舎」部門全国一位に選ばれたこともある街です。1975年の駅前再開発と共に中心市街地からこの地に移転してきたのが、地域の食文化の魅力が詰まったフランス風郷土料理レストラン「ル・ポットフー」(図2)です。地中海に浮かぶ豪華客船のように一段上の味とサービスの提供を目指した店舗は、一躍観光客や地元の常連たちを惹きつけ、まさに地域に愛される場所となりました。しかし、2014年のグランドデザイン策定、2016年開発事業者の公募・選定により再開発が行われることとなり、同店の身の振り方が注目されることとなります(図3)。

新たな複合施設を支える地域性と時間性

酒田駅前では、大規模店舗が閉店した1997年以降、再開発を計画するも、なかなか成立しない時代が長く続きました(図4)。再構築が模索されるなか、2014年ごろから人財育成や交流支援機能を備えたライブラリーセンターを核とした拠点の整備が計画されます。官民連携による事業創出を狙った事業者コンペにより[光の湊]が選出され、観光情報センターやバスベイを備えた広場、駐車場に加えて、ホテルやバンケット、マンションなどの複合施設を再開発事業のスキームによって

図5 光の湊コンセプト

一体的に整備する計画が生まれました（図4）。

私たちは、新しいビルに地域の多世代に愛される居場所を創り出すために、前述した「ル・ポットフー」に着目していました。そして、事業者間や地域との対話を通じて、地域の象徴となる場所を残すことのできる空間づくりと事業計画を考案するべきだという想いを強めていきます。

いま、完成した再開発ビルの中では、老舗レストランに慣れ親しんだ家族が、世代をつなぎ、また同じテーブルで語り合う風景をみることができます。一人ひとりの人生に刻まれる老舗の味と唯一無二の場所性・時間性を、再開発という地区更新の流れの中にうまく組み込むことができました（図5）。

コミュニケーション装置としての新しい建築デザインの役割

再開発で目指した、多様な世代が交わる居場所づくりは、空間の配置・運営計画によっても支えられています。今後の地域の交流を考えるならば、昔からあるものを評価して残すだけでなく、現代の生活を豊かにする新しい施設計画も欠かせません。今回の再開発では、屋外の「ミライニ広場」を囲むように、中央図書館と観光案内所の交流拠点施設「ミライニ」のエンガワラウンジから、ホテルやバンケット、そして2階に配置されたレストランとをつなぐ共用ロビーまでの吹抜け空間をシームレスに接続させました（図6）。この計画は、観光利用と日常利用を無理なく共存させる試みでもあります。例えば通常の図書館では貸出し以外、図書館から蔵書を持ち出せません。しかし本図書館では、BDS（ブックディテクションシステム、ゲート式の無断持ち出し禁止装置）が共用ロビーの外側に設定されており、隣接する地元資本の民間ホテル「月のホテル」のダイニングがブックカフェの役割を果たします（図7）。究極的には、ホテルの客室まで持ち出すことも可能です。地元利用者・来訪者問わず、情報の交流の場が網の目のように交錯するのです（図8）。

図6　エンガワラウンジから共用ロビーを見る

図7　ホテルダイニング

図8　月のホテルのブックラウンジ(サードプレイスとなることをコンセプトにしている)

図9　高校生による地元食材を扱ったマルシェ

次代を担う高校生とのコラボレーション

また、施設の建設中から地域の大学や高校とのコラボレーションがさかんに行われたことも、特色の一つです。建物を新しくするだけでは人の交流は生まれません。例えば大学生による施設名称とロゴデザインの制作や、大学・高校生が主体のワークショップ開催など、場所との関係性を浸透させるような仕組みを織り込むことで、将来にわたって地域に根差す人材育成につながるプログラムが盛んに企画されました。今では高校生も活動・活躍できる場として認知され、高校生が自ら企画し実施するイベントが数多く実施されています。

オープニングイベントでは、高校生による地元食材を扱ったマルシェが実現しました(図9)。地域の良いモノを知る体験を通じて、地域を盛り上げるビジネスを意識する機会につながっています。この高校生や大学生たちは、これから酒田を舞台に生活を育み、やがて家族と「ル・ポットフー」を訪れることになります。プロセスを丁寧に仕掛けることが、多世代の人生とストーリーの重なりを可能にします。

地域固有の価値を引き出す事業づくり

老舗レストランの入居と新しい交流拠点の計画が、世代を超えて地域に暮らす一人ひとりの人生をつなぐ手がかりとなり、地域価値を中心とした次世代とのコラボレーションが生み出される。私たちが、地方都市のこれからの拠点開発に必要だと考えたことは、一つの空間に重層的な世代が活躍できる場所をつくりだすことでした。古いか新しいか、ハードかソフトかに拘らずに、地域の目線で大切なものを融合していく。アール・アイ・エーは、そんな個性を備えたまちづくりを、各地で追求しています。

4章 人生のあらゆる瞬間を尊重する エイジレスなまちづくり

東京工業大学　真野洋介

図1　高岡市博労町まちかどサロンにおける多世代コミュニティ活動（2018年〜）

エイジレスなまちづくりとグラデーション

長寿化が進み、高齢になっても多様な暮らし方が可能な都市・地域にするには、身の回りで年々増える空き家や空き地など、目的を失った環境に直接働きかけ、暮らす場所、働く場所、学ぶ場所、過ごす場所を複合しながら、ウェルビーイングに寄与する場所に変えていくことが求められる。

高齢化が進む地方都市の旧市街や大都市の既成市街地においては、子育て世代や生産年齢人口の多くが郊外住宅地に住むことで空洞化が進んできたと言われる。生産年齢人口の世代曲線のピークが徐々に高年齢になっても、同じイメージのままで市街地整備を続けてきたことがその理由のひとつである。商店街のシャッター街化や、歴史ある町並みの居住空洞化などは、方向転換ができていない市街地の象徴的な風景となった。しかしこれらの例は、昭和の時代における、居住形態や中心商店街の活力のイメージを引きずっているために、今後も埋まるはずのないギャップにとらわれたものであり、別のビジョンを描き出すことが必要である。

1990年代後半から中心市街地活性化の処方箋として用いられてきた、「まちなか居住」と呼ばれる中心商業地の居住地化も、移動や活動の利便性に基づく観点が中心であるため、シニアを主なターゲットにした分譲マンションやサービス付き住宅などに限定され、暮らしの多様化が起きにくい住宅供給となっている。まずは、世代の特性をひとくくりにしないこと、個人に分解してその多様化を考えることなどがエイジレスなまちづくりの基本となる。

次に考えられるのは、生業（なりわい）のグラデーションである。例えば、会社での正規雇用や家業等をリタイヤした現住シニア世代も、旧市街や既成市街地では、ものづくりや文化・歴史の基盤、協業のネットワークなどが地域に残っていることで、個々のスキルや趣味、社会貢献意識などを手がかりに、もうひとつの生業を再起動しやすい。一方、移住者や単身者、フリーランスなど、これまでそのまちにいなかった居住者が地域に流入し、現住者と混ざることで、都市に新しいビジョンを描く力が生まれる。こうした多様なプレイヤーのグラデーションが地域の持続可能性を高めることにつながる。

まちづくりの再目的化とフレームワーク

こうしたこれまでの市街地像と活力イメージの転換を意識し、まちづくりの再目的化を行う必要がある。

再目的化の一つ目は、高度成長期に都市の活力を支えてきた、生産と消費に関する土地利用について、用途地域や工場・業務団地の造成など、ダイレクトに都市計画ゾーニングや整備計画に落とし込めていた構成を変えていくことである。また、大企業、地元企業、中小・零細企業、個人事業主・フリーランスなど、スケールの大きさごとに階層化され、構成されてきたピラミッド型の空間構成と開発形態を、空洞化率が高い中心市街地とその周辺から、組織のスケールダウンや、種類のモザイク化などを含めて見直し、再構築していくことが求められる。それは従来の空間構成や機能を誘導する2色の色分けのまま、範囲を圧縮するようなコンパクトシティではなく、粒とグラデーションを細かくした土地利用のパッチワークのような都市のイメージである。

再目的化の二つ目は、「都市のスポンジ化」という言葉に代表されるように、既成市街地における建物の高密度な空間の隙間やまだら状の未利用地に、ネガティブな響きを持った「空き地」とは異なる意味と環境につくり変えるプロセスに反転することである。[注1)文1)文2)] 空き地、空き家によって「スポンジ化」した虫喰い状の市街地は、小さな空間が高密度に集まり、低価格の賃料と、DIYやシンプルな技術の適用によって手を加えやすい環境であるため、新しい活動の種をまきやすく、異なる養分を吸収しやすい土壌である。その一方で、この土壌は、さまざまな人の手によって常に耕したり、掘り起こしたりして、時間と手間をかけてゆっくり醸成していかなくてはならない環境でもある。これらの人や資源の流動と循環が起こる土壌として、既成市街地や歴史的に形成された環境を再認識することができないだろうか。

エイジレスデザインを支える新たな近隣とコミュニティのモデル

エイジレスデザインと、生き方・暮らし方に関する意識の変化などを踏まえて、大都市近郊や地方都市における近隣レベルのまちづくりはどのように変わっていくのだろうか。

最初に、近隣レベルの住環境や地域サービス、コミュニケーションの新しいかたちを見いだすこと、すなわち「新たな近隣」の視点に立って考えてみる。インフラの維持・管理の効率や移動、生活利便性などから考えるコンパクトさに加えて、コミュニケーションやメンタル面の健康、市民創造性が保たれる適度な密度感が、「新たな近隣」を見ていく上で必要な条件となる。高齢化が極度に進み、マスの居住動向から外れた大都市近郊や地方都市旧市街の地域においては、自治会やまちづくり協議会など、従来の組織ベースでは、新たな近隣サービスやコミュニティを担うことは難しい。その一方で、逆ピラミッドの人口構成の中で世代交代は難しいが、長寿化によって活動ポテンシャルが高まったアクティブな高齢者と、マスの居住動向とは逆向きのベクトルで転入してくる家族や単身者、若年世代などによって、新しい多世代共存の混ざり方、暮らし方を考える機会が訪れている。

次に、近隣レベルの建造環境やストックについて見てみると、大都市近郊や地方都市郊外に広がる専用系住宅地には、基本的に自分の家以外で過ごせる場所が少ないという大きな欠点があった。しかし、かつての住宅ストックや空き地を再目的化し、新たなサービスやコミュニケーションの場が埋め込まれていくことで、密度の高いエリアが「新たな近隣」のインフラとして再編される。そこではケアサービスなど、福祉サービスの提供場所としてだけでなく、多様な活動が可能な場所、自分の居場所、アイデンティティを感じられる場所という視点が鍵となる。また、福祉・教育事業者などの社会的企業がこうした場所を運営するだけでなく、地縁法人や非営利組織の連携、また同人的な集まりによる運営など、多様な運営主体と利用の多様化を模索するプロセスが派生する。こうした模索、転換のプロセスを紹介する。

エイジレスな地域コミュニティ：新たな場所の運営により活動密度を高め、地区内外の人的流動を起こす

事例1：富山県高岡市博労地区「博労町まちかどサロン」：居住の継承と多世代交流を通じたウェルビーイングの取り組み

高岡市のまちなかエリアでは、2010年代初めから、歴史都市に固有の間口の狭い敷地形状と町家などの住居形式が連なる高密市街地における、防災を含めたまちなか再構築に取り組んでいる。風の強い冬の火災や活断層付近の地震による被害だけでなく、河川沿いの低地における浸水被害などが想定されている。こうした災害への対策であるが、リスクを低減するインフラ整備を、財政状況が厳しい中で進めることよりも、人口・世帯数の減少や空き家、空き地の管理問題など、普段から取り組めるコミュニティの維持・継承の課題にまず向き合い、少人数の自治会等でいかに工夫して活動を充実させ、愛着のある地域に暮らしていけるかという活動を先行して進めている。

これらの地域を各町丁単位で見ると、少子高齢化は進んでいるものの、コミュニティや防災に関する活動を少ない世帯数でも工夫して保ち続けている町も多い。このような社会関係資本を保全しながら、世代や内外のバランスに変化を起こす動きに取り組む地区がある。小学校区の北半分に相当し、8つの町内会で構成される「博労地区」は、高岡市の防災モデル地域に選定された地区である。この政策では、住民の高齢化や建物の老朽化により、空き家が増えることを食い止め、コミュニティの強化をはかることを目指したもので、2014年度以降、各町内会で継続的なワークショップを通して独自の計画案を作成した。その中で独自の事業を構想し、プロジェクトの実現に動いたのが博労町であり、元文具店の空き家を自治会が取得し、耐震や設備更新を含めた改修を行い、多世代が集まる活動拠点「博労町まちかどサロン」を開設した(図1)。このプロジェクトでは、構想、計画、事業検討、整備、運営に至る一連のプロセスを、自治会有志のプロジェクトチームと専門家、行政等による支援チームとのパートナーシップによって実現した。2018年にオープンした場所の運営は、コロナ禍を経て地域住民により継続され、6年目を迎えているが、カフェ、図書室等の機能を持つ日常的なサロン開放や運営メンバーが企画した催し、住民のサークル活動など、多世代が集まる場所として定着しつつある。また、このサロンには防災倉庫と井戸が備えられ、コロナ禍以前には、本サロンを会場とした図上防災訓練なども実施された。こうした新しい近隣活動の拠点が起点となり、周辺の空き家の解体や空き地活用、避難経路の整備検討などが継続的に進められている。

事例2：広島県尾道市「東山手西町内会」：斜面地の芸術拠点と寺の境内、手作りの空き地公園等を活かした、若い世代を中心とした住民組織の再編によるウェルビーイングの取り組み

寺社境内と墓地が多く立地し、車の通れない曲がりくねった坂道に沿って住宅が建ち並ぶ尾道市の斜面市街地では、長年住み続けてきた地域住民が高齢化する一方で、若いクリエイターや子育て世代の移住も増えており、住民の多様化によるコミュニティの再編が進みつつある。2018年夏

図2　左：尾道市東山手西町内会防災訓練における、空き地公園での炊き出し(2020年10月)
右：町内会執行部での話し合い

に発生した西日本豪雨により各地で土砂崩れや断水などが発生したことを契機に、井戸水の活用や住民同士の相互扶助、災害リスクの共有などが活発になっており、若い世代の住民が共同で新たな地域自治活動の担い手となり、定期的な活動を行っている。その中で、子どもや高齢者を含めた防災訓練のプログラムを企画し、消火器を用いた初期消火体験だけでなく、消防と連携した消火栓の確認や、近隣住民とNPO「尾道空き家再生プロジェクト」の協力により建物解体跡地を整備した「空き地公園」における、炊き出しを兼ねたバーベキュー会(図2)を合わせて開催するなど、斜面地独自の環境を活かして、楽しみながら防災と日常のウェルビーイングを連動させている。町内会の活動拠点となる場所も、このエリアの多くの土地と建物を所有する寺院所有の集会施設を改修し、ギャラリーとブックカフェ、アトリエなどの複合的なアートセンターとして機能している「光明寺会館」が使われており、観光や芸術・文化を目的として尾道を訪れる人々との交流の場にもなっている。地域住民と、ギャラリー・カフェの訪問者、アーティストなどのグラデーションが日常的に存在することで、自然にエイジレスなコミュニティの醸成につながる。

以上のように、歴史的な居住環境が、多世代混在コミュニティに入れ替わる過程で再解釈され、新たなウェルビーイングの舞台となり、まちづくりの再目的化がはかられる。そこでは地域に暮らす人々の意識や住民の協働という観点だけでなく、日常生活における「居場所とアイデンティティ」、「グラデーション」などの観点が重要であり、エイジレスデザインを考えた多様な暮らしの実験的アプローチと活動が場所やプログラムごとに組み立てられ、広がっていく中で、次のデザインのかたちが見えてくるのではないだろうか。

注

1) 空き地や空き家が多い環境の衰退プロセスを反転し、創造的なフィールドに転換する都市の運動は、2000年代から世界各地で行われるようになった。イギリス・リバプールのグランビー地区、バーミンガムのジュエリークォーター地区、ドイツ・ライプツィヒ旧市街やアメリカのデトロイト中心部などが代表的な事例として挙げられる。

参考文献

1) Angelika Fitz, Katharina Ritter, Architektuzurzentrum Wien, “ASSEMBLE HOW WE BUILD”、Architektuzurzentrum Wien and Park Books, 2017
2) 真野洋介、「地方における木造密集市街地再考：ローカル・モクミツへの新たな視点とまちづくりのフィールド再構築」『都市問題』vol. 114、後藤・安田記念東京都市研究所、pp.42-60、2023年

4-1 身体的な変化にグラデーショナルに対応するインフラ
住まいから実現する健康長寿

CASE STUDY：健康寿命延伸のための高齢者賃貸住宅

旭化成ホームズ株式会社　八巻勝則・柏木雄介

図1　シニア向け安心賃貸住宅「へーベルVillage」

自立したシニアの健康長寿を応援する住まい

人生100年時代に向けて、「健康長寿」の実現は大きな課題です。自立した後期高齢者の健康長寿を目指した賃貸住宅である［へーベルVillage］は、健康長寿の実現という社会課題に向き合う住まいです。郊外の戸建て住宅よりコンパクトで、介護施設より収納や生活スペースが広く確保された［へーベルVillage］では、居住者の健康長寿を実現するために「生活支援相談員」による定期的な生活相談を実施しています。また居住者だけでなくその家族にとっての安心・安全を担保するため、センサーによる見守りと緊急時の駆け付けサービスを備えています。一方、食事の提供サービスや専門スタッフの常駐はありません。生活に関わる家事を居住者自身で行い、自分らしく生活を送ることが、健康長寿を実現するうえで重要な要素であると考えるためです。このような郊外の戸建て住宅と介護施設の間に位置し、都市部の便利な地域に立地する住まいが、自立したシニアの住み替えニーズや子側からの呼び寄せニーズの受け皿となって、供給開始からすでに15年が経過しています（図1、2、3）。

図2　「ヘーベルVillage」の位置づけ

自立期の運動・食事・交流を支えることによる健康長寿の実現

こうした住まいを提供している背景には、私たちにとって"高齢者"は、多様に歳を重ねる「人生の先輩」であって、「ケアすべき対象」としてひとくくりにはしたくない、という考えがあります。より健康で、自分らしく歳を重ねられることを重視し、住環境の視点から「健康長寿」を目指しているのです。またシニアの中でも特に「自立期」を対象とし、健康長寿の3本柱「運動・食事・交流」を充実させることを目標としています。 例えば"出かけたくなる周辺の環境"や"きちんと調理が継続できるキッチン"は重要な要件です。[ヘーベルVillage]の居住者はプレフレイル(フレイルになる前の状態)が約半数であり、前述の3本柱を住まいで応援し、フレイル(要介護状態になる前の状態のこと)を予防することが期待されています(図4、5)。

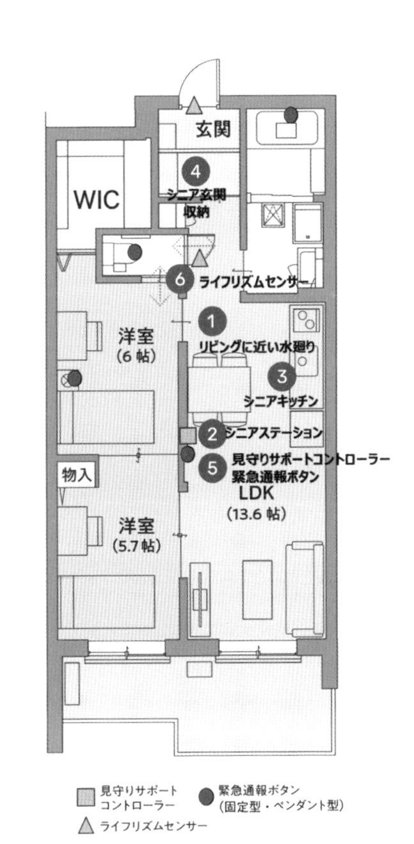

図3　住戸プラン例

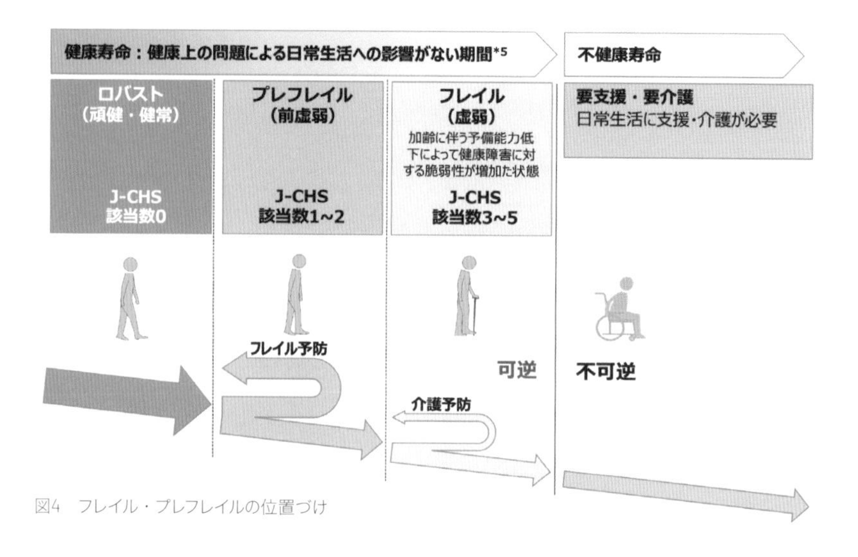

図4　フレイル・プレフレイルの位置づけ

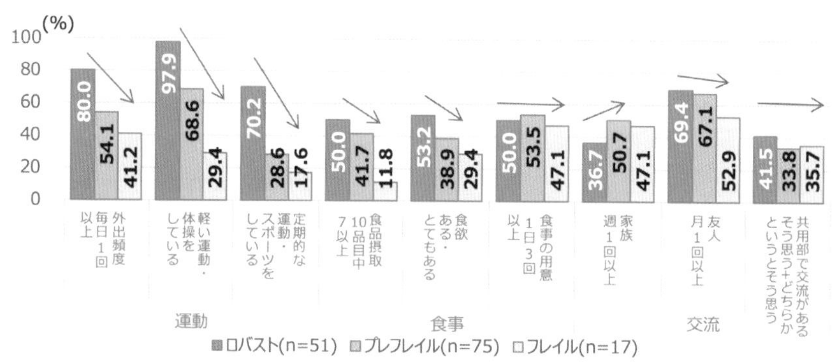

図6　健康度と健康行動の関係：食事と交流は必ずしも減らない

自分らしい暮らしが健康長寿の鍵

フレイル予防には、居住者の健康長寿に向けた行動を応援するという視点が大切です。自立した後期高齢者のさらなる健康長寿を目指すため、健康度や暮らしの実態を把握する[へーベルVillage]独自の調査研究も行っています。その結果、健康度が下がると運動習慣が減り、転倒不安が増加するなどの注意点が見られましたが、食品摂取の多様性や家族や友人知人との交流は維持される傾向がありました。つまり、ケアの対象と見なされがちな後期高齢者の人々も自分らしい暮らしが送れれば、自らの力で健康行動を維持しようとする意欲や工夫を失わずにいられるのです（図6、7）。私たちの事業コンセプトも、この研究成果を受け大きく舵を切ることになりました。2021年に、それまで居住者を手厚くサポートする“ケア視点”で行っていたサービスを、居住者の出来ていることや得意なことを普段の生活から把握し、強みとして捉え直して応援することで、自立生活の継続を促す“健康長寿視点”のサービスに転換したのです（図8）。

図5　健康長寿の3本柱

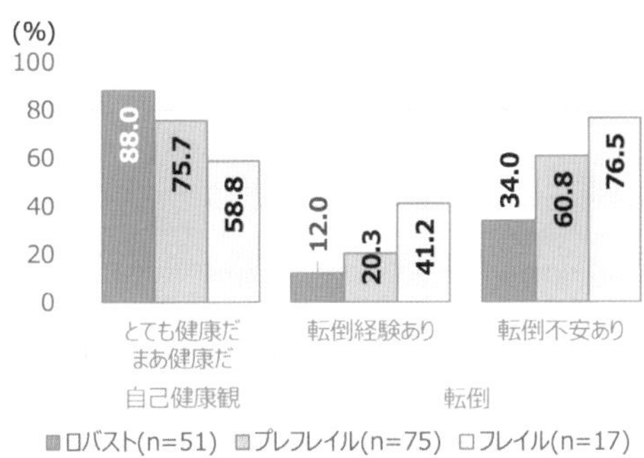

図7　健康度と自己健康観・転倒経験・転倒不安の関係

図8　健康寿命延伸を目指した相談員業務の考え方

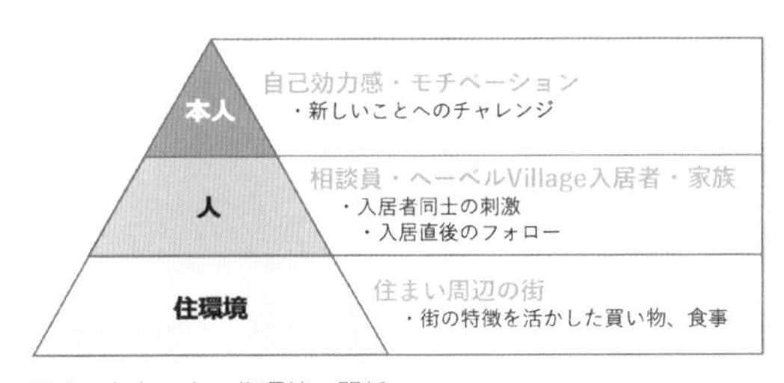

図9　本人・人・住環境の関係

「加齢」を「自身の変化」として楽しむ社会をつくる

「加齢」を楽しみ、余生に期待できる社会の構築は、人生100年時代に求められる重要な価値観だと考えます。新しい自分を発見するプロセスとして「加齢」を楽しむ。居住者・身近な人・住環境が重なり合って自分らしく豊かに老いていく。そうした暮らしから新しい社会をつくっていくための選択肢が[へーベルVillage]という住まいなのです(図9)。

4-2

身体的な変化にグラデーショナルに対応するインフラ

ジェンダーレスなまちは誰にとっても優しく楽しい

CASE STUDY：パピオスあかし｜株式会社アバンアソシエイツ　橘佑季

図1　市民の拠り所となっているあかし市民図書館　写真提供：明石市©ナトリ光房

都市を作ってきた健常男性に足りない視点

職場や学校へのアクセス、外食・買い物の手軽さは、多くの都市生活者が享受する利点です。ただしそれは、介助をする／される必要のない健康な人にとって、かもしれません。都市はながらく、健常な男性の視点で計画されてきたのではないでしょうか。女性である筆者自身、生後まもない双子の子連れでの外出には大きな不便を感じました。地下鉄で、エレベーターがない駅ではその都度駅員を呼んでサポートを要請。バスではベビーカーを折りたたむよう言われ、1人で赤ん坊2人と重たいベビーカーを抱えることは不可能なため、乗車を諦めました。

ジェンダーレスでインクルーシブなまちづくり

マウント・アリソン大学地理・環境学准教授でジェンダー研究者であるレスリー・カーンは著書『フェミニスト・シティ』で、90年代に始まったウィーン市のジェンダー平等都市計画を紹介しています。ケアワークと労働のマルチタスクで複雑な移動を強いられる女性の経験をもとに、ウィーン市では子連れでも歩きやすいよう歩道を拡幅したり、自動改札をなくしたり、電車の出入口を幅広にする等の公共交通サービスの利便性を向上させました。結果、まちにはベビーカーを押して子育てを楽しむ人々の姿（男性も）が増えたそうです。バリアフリー化は身障者や高齢者、ケアワーカー

施設概要

所在地	明石市大明石町一丁目6番1号
開業日	2016年12月1日
構造規模	鉄骨鉄筋コンクリート造・鉄筋コンクリート造・鉄骨造
階数	地下2階・地上34階
延床面積	65,848.83m²
容積率	612.99%
テナント	店舗(物販・飲食・サービス)・事務所・クリニック・公共公益

提供：パピオスあかし管理組合法人

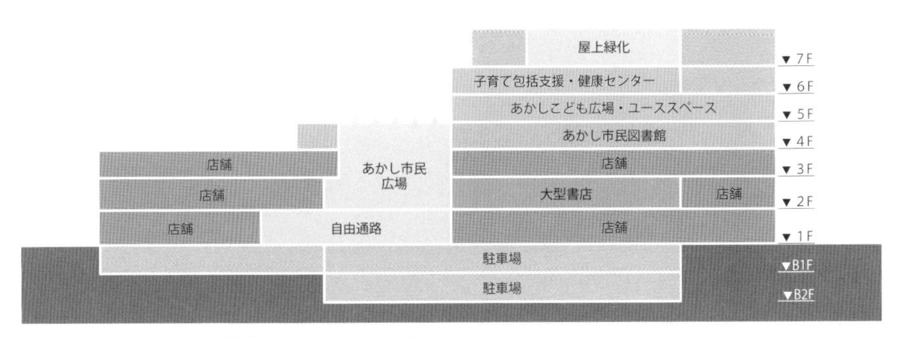

図2　パピオスあかしフロア構成図　図版提供：東畑建築事務所

にとっても良い変化です。自動車を排除し、自転車と歩行者のためのコンパクトシティが欧米を中心に増えていることにもうなずけます。「人生100年時代」の日本社会にも、ジェンダーレス発想で多様な意見が持ち寄られ、都市に百花繚乱のコミュニティが生まれることが望まれます。

子ども中心を体現した駅前公共空間

兵庫県明石市は、一足先にジェンダーレス発想で子どもを中心としたまちづくりを実践する都市です。車社会の台頭でにぎわいが空洞化していた駅前に再整備されたのは、「図書館」と「子育て支援施設」でした。2017年、駅前の一等地にあらゆる世代が立ち寄れる図書館と子どもの遊び場の入る複合施設[パピオスあかし]が誕生しました。市役所の窓口を集約したフロアに子育て世帯包括支援センターとこども健康センターが併設されています。利便性の良い駅前で煩わしい行政手続きが片付き、子連れでも安心して出向くことができます。施設5階には明石市から委託された民間が運営する「あかしこども広場」を整備。赤ちゃんから小学生を対象とした大規模な遊び場を「無料」で開放し、中高生向けのユーススペースもあり、スタジオで各々の活動に勤しんだり、フリースペースで読書や自習をしたりと、あらゆる年齢層の子どもたちに居場所を提供しています。

図3　パピオスあかし全景（左側は明石駅連絡通路）　写真提供：パピオスあかし管理組合法人©ナトリ光房

手を伸ばせば本があるまち

そして施設の中心ともいえるのが図書館です。もともと駅北側の公園内にあった旧図書館を高齢者や子ども、身障者、だれでも本に親しめるよう駅前に移転し、施設の床面積を旧図書館の3倍、蔵書数を2倍の約60万冊、座席数を4倍の約300席に増やしました。さらに同じ建物の2階に大型書店のジュンク堂を誘致。公共図書館と民間書店が同居し、公民合わせて取扱い書籍数は計100万冊となり子連れや本好きが集う施設となりました。

これらの計画が功を奏し、2022年時点で明石市の人口は10年連続で増加しています。2013年からは段階的に、子どもの医療費、保育料、おむつ、給食費、遊び場の「5つの無償化」を始め、子育て世帯に人気のまちとなった駅前は、新規出店が相次いでいるといいます。ただ新しい公共施設をつくるだけではこれほどの発展はなかったはずです。お金がなくても子どもが遊べる、本が読める、そんな場所がまちの中心に据えられたことで、商業もにぎわいを取り戻し、地域経済が回り始めたのです。まさに明石市が掲げる「こどもを核としたまちづくり」「やさしい社会を明石から」という2つのコンセプトが実現しました。

図4　民間が運営する「無料の」子どもの遊び場　写真提供：明石市政策局広報課

図5　子育て世帯を包括サポートする行政窓口　写真提供：明石市政策局広報課

図6　イベントが行われるあかし市民広場　写真提供：明石市©ナトリ光房

図7　レインボーフラッグと大階段　写真提供：明石市政策局インクルーシブ推進室

ジェンダーギャップ解消の大きな一歩

日本のジェンダーレスなまちづくりはまだ始まったばかりです。ジェンダーキャップ指数（男女平等度）は先進国中最下位で、とりわけ遅れを取っているのが政治分野（146か国中139位/世界経済フォーラム2022年）です。行政のまちづくりという上位計画においても女性の意見が反映されにくいのが現状ですが、明石市の実践は大きな一歩です。同市では性の多様性（LGBTQ＋/SOGIE）が尊重されるまちづくりの政策も推進しており、市内各所でレインボーフラッグをモチーフとした風景が展開されています（図7）。「人生100年時代」には今よりも多様な身体的状況、ライフスタイル、価値観をもった人々が都市に集うでしょう。「あらゆる人」が豊かさを享受できるインクルーシブな都市環境を構築していくことが重要です。だからこそ、「人生100年時代」の都市デザインを考えるうえでジェンダーレスという発想のまちづくりから学べることが沢山あります。

参考文献

・レスリー・カーン著・東辻賢治郎訳『フェミニスト・シティ』晶文社、2022年
・泉房穂『社会の変え方　日本の政治をあきらめていたすべての人へ』ライツ社、2023年
・兵庫県明石市　令和4年12月15日総務常任委員会議会動画

4-3 健康も自己実現も支えるインフラ
ウェルビーイングを向上する都市のインフラ

CASE STUDY：麻布台ヒルズ｜森ビル株式会社

図1　麻布台ヒルズ全景イメージ

エイジレスな都市開発

「都市とはどうあるべきなのか？」を改めて考えると、その本質は「そこに生きる人」にあるのだと言えるのではないでしょうか。これからの都市は、これまで以上に人を中心に発想すること、人間らしく生きるための環境としてデザインしていくことが求められるはずです。しかし、人生がマルチステージ化した現代においては、働き方や暮らし方、そして生き方までもが大きく変わりつつあります。「学習」「仕事」「引退」というかつてのステレオタイプな三つのステージは、学校などの教育機関、オフィス、住宅といった単一機能の都市施設ごとに計画され、各ステージの中だけで人は集ってきました。これからはステージの異なる人々が共存し、都市機能を複合的に形成していくことが必要になります。

［麻布台ヒルズ］は、アークヒルズや六本木ヒルズ、虎ノ門ヒルズなど、大規模都市再開発によって様々な都市機能を立体的に複合させたコンパクトシティをつくり出してきた私たち森ビルが「ヒルズの未来形」として手掛ける街です（図1）。東京都港区虎ノ門と麻布台に位置する［麻布台ヒルズ］は、約8.1haの敷地を約300人の権利者とともに取り組んできた30年越しの再開発事業です（2023年秋開業）。

図2　低層部の屋上緑化

緑化から緑地へ。都心市街地の変革

“緑に包まれ、人と人をつなぐ「広場」のような街”というコンセプトは、「グリーン」「ウェルネス」という二つの柱に支えられています。「グリーン」を象徴するのは、圧倒的な緑に囲まれ、自然と調和したまちの中心にある中央広場です。この広場を囲むようにオフィス、住宅、ホテル、インターナショナルスクール、商業施設、文化施設など、多様な都市機能が高度に融合・集積します。敷地全体に広がる緑あふれる景色を各建物から楽しみ、またどこからでも豊かな緑地にアクセスし自由に散策できる心地良い外部空間が整備されています。従来の街区の配置計画手法では、はじめに建物を敷地に配置し、空いたスペースを緑化していくことが主流でした。麻布台ヒルズでは、人の流れや人が集まる場所を考え、街の中心に広場を据えてシームレスなランドスケープを計画した後、3棟の超高層タワーを配置しました。加えて低層部の屋上を含む敷地全体を緑化することで、都心の既成市街地でありながら確保された約2.4haの緑地は、都心に暮らす人々の健康増進に貢献する豊かな住環境を育んでいます（図2、3）。

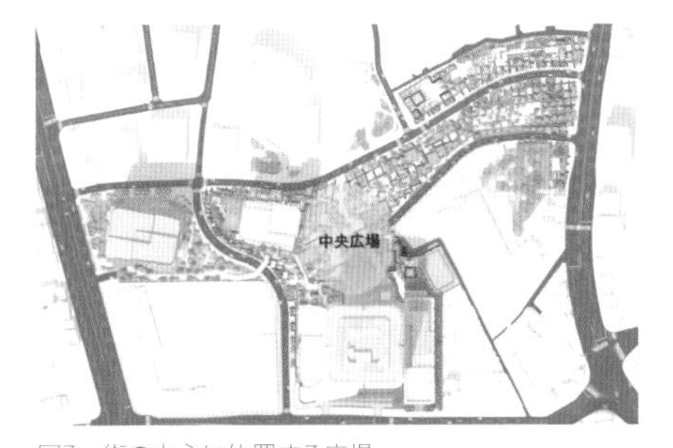

図3　街の中心に位置する広場

図4　フードマーケットイメージ

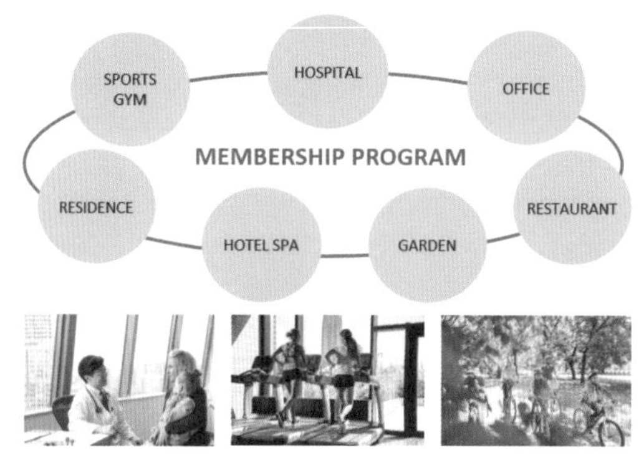

図5　様々な施設との連携

ウェルビーイングを向上する都市のインフラ

もうひとつの柱である「ウェルネス」の核となるのは、[麻布台ヒルズ] 内に開設する「慶應義塾大学 予防医療センター」です。最先端の医療機器による高精度の人間ドックが提供され、病気の早期発見・早期治療を目的とした予防医療だけでなく、日常生活から病気の予防・ウェルビーイング向上に取り組むことを目的とした施設です。また日常生活から健康へアプローチするという発想は、施設単体でなく [麻布台ヒルズ] 全体の計画に通底します。例えば、人間ドックの検査結果に基づく運動指導をフィットネスクラブで受けられる、自分の健康状態にあった食事がレストランで食べられるなど、予防医療センターを核に、スパやフィットネスクラブ、レストランやフードマーケットといったまちの施設が連携し、生活の様々なシーンで人々が心身ともに健康でいられる仕組みの構築を目指しています（図4、5）。

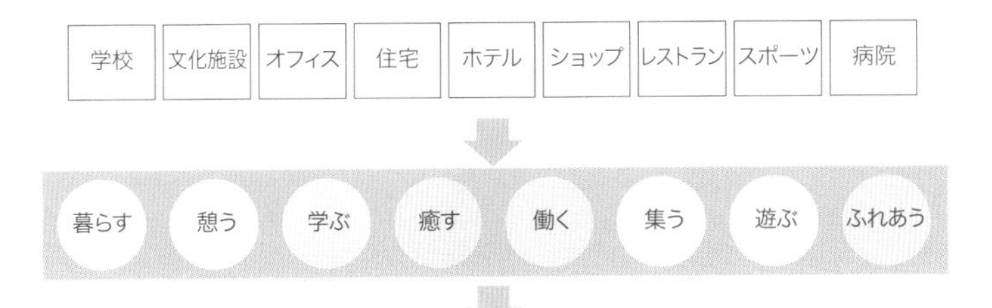

「人の営み」から発想し、「様々な施設」が高度に連携することで、
人の営みがシームレスに繋がる街を実現

ふれあう
働く
遊ぶ
暮らす
学ぶ
集う
憩う
癒す

図6　人の営みをシームレスにつなぐ

図7　麻布台ヒルズ中央広場イメージ

未来の東京と人間らしい暮らし

緑豊かな自然環境に住み、働く。都心での生活が人間らしい暮らしを諦めるものではなくなり、「暮らす」「働く」「集う」「憩う」「学ぶ」「楽しむ」「遊ぶ」をシームレスにつなぐ、高度な予防医療インフラに根ざした健康増進都市に生きるという選択になる（図6）。年齢にかかわらず、人と人とが刺激しあいながら創造的に生きられる新しい都市生活は、そんな仕組みをまちに実装することで可能となるはずです。これからの私たちが直面する“長い生涯”を、どれだけ人間らしく健康に過ごし、充実させることができるか。[麻布台ヒルズ] ではそれを実現していきたいと考えています（図7）。

4-4 健康も自己実現も支えるインフラ
様々な人と空間がごちゃまぜなまちづくり

CASE STUDY：輪島 KABULET｜菅野俊暢

図1　輪島KABLETの中心施設の外観

本稿は令和6年能登半島地震の発生以前に行った取材をもとに執筆したものです。関係者の皆様のご了解のもとで掲載させていただいております。一刻も早い復興を切に願っております。

多様な個性が互いを認め合う社会の構築を目指して

都市には身体的状況、感じ方や考え方が異なる様々な人々が共存しています。そして人生100年時代になり、より自由に人生が歩まれるようになることで、この多様性は一層高まっていくこととなります。

多様な個性が一つの都市で共存する時代には、暮らしを営む人々が相互に認め合い、尊重し、そしてひとり一人の考え方に寄り添うための社会環境の構築が求められます。いま、このような未来を先取りして、福祉サービスを必要とする障がい者や高齢者の方が都市に溶け込み、地域居住者と混在する風景が日常となっている場所があります。それが石川県輪島市の［輪島KABULET］を中心とする「ごちゃまぜなまちづくり」です（図1）。

図2　福祉関連施設を一ヶ所に集中させるのではなく、まちに点在させる。

図3　健康のための運動もリハビリテーションもできる「GOTCHA! WELLNESS」

図4　まちなかに点在する福祉サービス利用者の住宅

障がい者も高齢者もどんな人も、ごちゃまぜなまちをつくる

輪島市は石川県能登半島の北西にある、人口約2万3000人の町です。重要無形文化財の輪島塗をはじめとした土地の文化や、歴史的街並みが色濃く残っていますが、高齢化率が年々上昇しており、2030年には50%を超えると推定されています（国立社会保障・人口問題研究所 2018年3月推計）。

輪島市の中心部でまちの福祉活動に取り組んでいるのが、社会福祉法人「佛子園」です。これまでに「佛子園」は、石川県を中心に、子どもから高齢者まで、障がいや疾病の有無・国籍などにかかわらず、すべての人が一緒に暮らせる「ごちゃまぜ」のまちづくりを行ってきました。そして、2015年から輪島市を舞台に多世代共生型の生涯活躍のためのまちづくりとして「輪島KABULET」を開始しました。

福祉機能を集約させない、新たな福祉施設のあり方

輪島市の「ごちゃまぜなまちづくり」の中心となるのが、高齢者や障がい者への福祉サービスの提供です。施設利用者は、高齢者の介護サービスや障がい者の就労支援などの福祉サービス

図5　地域全員の入湯札が掲げられており、誰がまちなかに顔を出しているかなどの状況を確認できる

図6　温浴施設のある拠点施設は福祉の中心拠点であり、同時に地域住民の多目的な利用を支える多くのスペースをもつ

図7　カフェでは子どもたちが料理を自分で作る経験ができる

を受けることができます。この福祉サービスの一番の特徴が、一つの建物の中で福祉サービスが完結するのではなく、まちなかの複数の拠点を連携させて、まちの至るところに福祉サービスを内包させることにあります（図2）。例えば、拠点施設にある「B's WAJIMA」は、高齢者デイサービスや訪問看護ステーションとして機能しています。一方、道路を挟んで向かい側にある「GOTCHA！WELLNESS」では、かかりつけウェルネスとして運動やリハビリテーションなどのサポートをしています（図3）。また、障がいを持った住民が共同で生活できるグループホームや高齢者のためのサービス付き住宅は、そこから少し離れた場所に複数に分かれて建設されています（図4）。このように拠点施設を中心としたまちなか500m圏内に様々な福祉施設を点在させることで、高齢者や障がい者が一般の居住者と共にまちのなかで生活を送りながら福祉サービスを受けることが可能となります。これらの施設配置を可能としたのが、輪島のまちに残る空き家や空き店舗の積

図8　ゲストハウスにはリノベーションされたコワーキングスペースが隣接する。

極的な利活用でした。施設を新設するのではなく地域に点在する空き家に新しいサービスを付加することで、地域の人々がまちの中で福祉施設を利用する様々な人とすれ違い、当たり前のように福祉が都市に受け入れられていく風景が生まれました。

都市のセーフティーネットとしての役割も果たす多機能拠点を目指して

輪島KABULETの施設では、入居者向けの福祉サービス以外にも、輪島市に居住するすべての居住者を対象とした多様なサービスを展開しており、このことが地域の様々な情報を集約することにもつながっています。例えば、拠点施設の温浴施設や食事処は、来街者も含めたすべての人が利用できる施設で、特に温浴施設は周辺207世帯の地域住民に無料で開放されています。この地域住民の入湯記録は毎日記録されており、誰がまちなかに顔を出していないのかといった地域情報の収集が可能となっています（図5、6）。

このような多機能性は、その他の施設でも様々なかたちで実感することができます。セルフカフェ「Cafe KABULET」（図7）は、まちなかのカフェであり、親子で料理作りを学ぶセルフカフェとなっています。前述した「GOTCHA！WELLNESS」では、リハビリ器具だけでなく、子どもからシニアまで健康づくりを支えるフィットネス器具とプログラムが提供されています。2019年に新たに建設された「GUEST HOUSE UMENOYA」（図8）は、旅行者の宿泊施設やワークプレイスとして機能する、福祉施設利用者の就労継続支援の現場となっています。

福祉機能を分節化し、多様な機能を融合させて、都市に再配置していくことで、多様性を包容するための都市インフラが創出されていきます。そして、様々な人が同じ施設を使うことで、地域のあらゆる情報が拠点に集約されていき、この地域情報が都市のセーフティネットとしての役割を補完していきます。「ごちゃまぜなまちづくり」は、福祉機能をまちの暮らしの中に組み込み、施設利用者だけでなく、まちで暮らすすべての人々の生活を支える「福祉のまちづくり」を実現しています。

4-5 自ら介入しカスタマイズできるインフラ
公共施設は人生と生活をシェアする場になる

CASE STUDY：大和市文化創造拠点シリウス

株式会社佐藤総合計画　山口健児

図1　駅前のにぎわいの中心となるシリウス　写真：根本健太郎

人生と生活をシェアする場を都市に拡張する

自宅と職場の自動車移動を背景に生活コミュニティの喪失が社会課題となった1980～2010年代に求められたのが、だれでも気軽に利用でき活気あふれるコミュニケーションの場となる「サードプレイス」でした。「すぐれた文明は、すぐれた都市と同様、一つの共通した特徴を備えている。その内部で生成し、その成長と洗練に欠かせないのが、人の良く集まる気楽な公共の場だ」[注1]。レイ・オルデンバーグが提唱した「サードプレイス」の概念です。家でも職場でもない、コミュニケーションのための場所が都市に確保されていることは今なお重要なことです。そして家庭環境も多様化する人生100年時代を生きる私たちは、睡眠や食事、プライベートな作業を行う空間が家だけに限定される必要はありません。そのためにソーシャルインフラとしての公共空間は、パブリックなコミュニケーションの場だけではなく、プライベートな空間をシェアする場にもなるように変化させることが求められます。そんな、家とサードプレイスの中間のような領域として、人生と生活をシェアする場＝「社会のイエ」を都市に拡張しようと考えたプロジェクトが［大和市文化創造拠点シリウス］です。

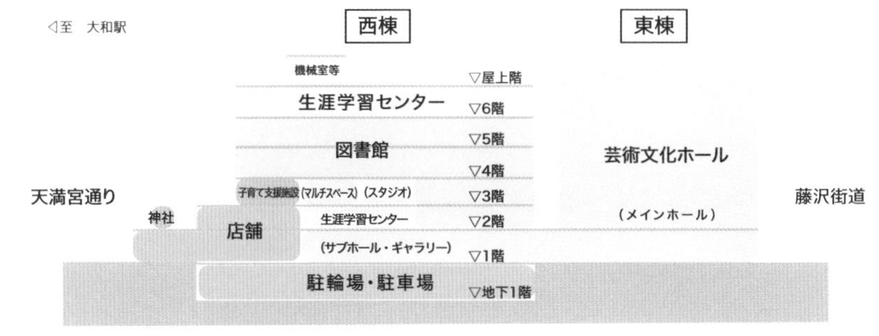

図2　一つ屋根の下に融合された多様な機能

図3　カフェと一体となったリビングのようなエントランスホール　写真：近代建築社

年間300万人が訪れる公共施設

［大和市文化創造拠点シリウス］は、図書館・ホール・生涯学習施設・子育て支援施設などの機能をもつ文化複合施設です。神奈川県の大和駅周辺の再開発事業として2016年11月にオープンし、開館1周年で来館者300万人を達成。最盛期の長崎の［ハウステンボス］や旭川の［旭山動物園］に匹敵する来場者数を誇る公共建築として注目されています（図1）。

コンセプトは「全館が図書館」。公共施設を単に複合するのではなく、一つ屋根の下に多様な機能を融合しました（図2）。1階のエントランス付近には、旅行ガイドや料理の本など気軽に読める本が並んでいます。カフェと一体でリビングのような家具が並び、市民が家族のようにリラックスしながら本に親しんでいます。特に会話がなくてもどこか生活を共有する感覚が生まれます（図3）。

図4　思い思いに過ごせる閲覧スペース　写真：近代建築社

図5　閲覧コーナーの隣で毎日イベントが行われている様子　写真：近代建築社

自室の安らぎを感じるパブリック

図書館の蔵書は漫画から専門書まで47万冊。年末年始以外毎日利用でき、日曜・祝日以外は9時から21時まで開いていて通勤通学や買い物のついでに利用しやすいと好評です。通常の図書館ではNGとされるルールがほとんどなく、会話も飲料の持ち込みもOK（一部を除く）、大人から子どもまでたくさんの人が家にいるかのような時間を過ごしています。どこでも本が読め、会話が生まれ、だれもが居場所を見つけられる。開放的ながら自室の安らぎを感じられる共有空間です（図4）。

また運営面で特徴的なのが、常時企画される様々な種類や規模のイベントです。市民が講座の講師となることも多く、地域や人がつながり、たくさんの刺激に出会えるという点で、コミュニケーションの場としてのパブリックの役割も文字どおり果たしています（図5）。

図6　有料施設でありながら人気のワーク・勉強スペースとして利用の多い市民交流ラウンジ

図7　外部吹抜に面して配置された自然光を感じる閲覧席

図8　老若男女が複数・個人で過ごす市民交流スペース

図9　様々なシーンが活動のショーケースとなる外観

図6〜9写真：篠澤裕

新しいパブリックの萌芽

来館者は自分だけの使い方ができるお好みの空間を見つけ、使い込んでいます。そこにあるのはカフェとも自宅のリビングとも異なる、よりプライベートな自室にいるようなくつろぎの光景です。これらの「究極のプライベート感」とでもいえる空間を支えるのが、多くの来館者同士、距離を保ちながらも思い思いに居合わせることができる広々とした座席配置やオープンスペース確保、階ごとに色彩の異なる多種多様な造作家具、落ち着きを感じる照明計画です（図6〜8）。内部の様子をショーケースのように見せる各階全面開口のファサード計画は、まちの人に親しみをもってもらえる「社会のイエ」を体現しています（図9）。

またこのような空間をより良い居場所として持続するためには、施設の維持管理と運営を担う指定管理者と自治体のたゆまぬ努力が欠かせません。私たちは彼らの挑戦と持続力にこそ、人生100年時代の新しいパブリックの萌芽を感じています。

注

1) レイ・オルデンバーグ（Ray Oldenburg）著、忠平美幸訳『サードプレイス』みすず書房、2013年、33頁（原書『The Great Good Space』1989年）

4-6

技術進化と人の行動の変化に適応するインフラ

都市のデジタルツインで変わるエリアマネジメント

CASE STUDY：西新宿シン・デジタルツインPJ
大成建設株式会社　村上拓也

図1　まちづくり共創ツールとしてのデジタルツイン

まちづくり共創ツール

都市のデジタルツインによって急速にまちづくりのあり方が変わろうとしています。デジタルツインとは、実環境と同じ環境をデジタル空間上に再現し、データ分析などに活用するテクノロジーのことです。西新宿エリアでは現在、デジタルツイン・プロジェクトとして人生100年時代に向けたまちづくりが進められています（図1）。道路や建物、植物などを3Dで再現し、人流や交通量を入れ込むことで、シミュレーションや状況把握に活用が可能になります。

私たちはこの都市のデジタルツインに、まちづくり共創ツールとしての可能性を感じています。多様なステークホルダーやさまざまな事象が複雑に絡み合った都市において、最適なまちづくり施策を選定するのは非常に困難でした。しかしデジタルツインの活用が進みあらゆる都市のデータを統合できるようになれば、多様な民意の反映や合意形成、検証効果の共有が容易になり、専門家だけでなく一般市民もまちづくりに参画しやすくなります。

図2　エリアマネジメント団体によるまちづくり施策の例

エリアマネジメントDX

これからの時代のまちづくりは、多様な人々が参加し、協創することが重要になると思われます。住民や来街者、一般人と専門家などあらゆる世代・人種がアイデアを出しあい協力することで、持続的で、魅力的な都市開発につながると考えます。こうしたニーズに応答するためには、都市をつくるプランニングやマネジメントの場面にも、生活者のニーズが把握しやすいような情報技術の活用が不可欠です。

一方現在のまちづくりの現場は、限られた人員や予算でまちの課題に対応しています。例えば地域価値を高めるためのエリアマネジメントにおいても、担当者の力技に頼っているのが現状です。そこで私たちは、昨今の急速なデジタル化を取り入れた「エリアマネジメントDX」に、新しいマネジメントシステムの可能性を感じています（図2）。

都市の状況を可視化する

エリアマネジメントDXとして西新宿でまず取り組んだのは「まちづくりの見える化」です。デジタルで再現した都市空間に、熱環境や歩行空間認知といった環境情報、人流データを重ねあわせることで、関係者が都市の現況や課題を指差し確認できるようにしました。微妙な段差や階

図3　精緻な空間情報の可視化

図4　環境情報の可視化（風の流れ）

段、暗い地下通路も精緻に再現し、夏場のむせ返るような暑さやビル風もヒートマップとして可視化します。日々断片的に感じていたまちの課題を「エピソード」ではなく「エビデンス」として関係者間で共有し、分野横断的に議論しながら、数値目標の設定や改善策の効果検証が可能となりました（図3、4）。

デジタル空間で検証したものを実空間に

　また、デジタル上でのシミュレーションはイベントや社会実験を支援するツールとしても有効です。実空間でイベントを行うには、その準備と運営で多くの時間と費用を要するため、年間に開催できる回数も限られ、様々なシチュエーションを検証することは困難です。そこで、デジタル空間上でイベントをデザインし、様々な状況を検証したうえで最適なものを実空間に反映する方法をとりました。例えば2022年に実施したイベントでは、企画段階でレイアウト案を一般募集し、優れた案の人流滞留効果を検証した上で実空間に反映しました。また、イベント期間中の人

図5　デジタルツールによるイベントのプランニング

図6　実際のイベントの様子

流データをデジタルツイン上で可視化し、単にイベントの効果測定としてだけでなく、エリア全体への波及効果を観測するためにも活用しています（図5）。

都市のデジタルツインの可能性

デジタルツインによるEBPM（Evidence Based Policy Making、証拠に基づく政策立案）の実現も、遠い未来の話ではありません。データからまちづくりの方向性を議論し、まちづくり施策を今よりもエビデンスと民意に沿ったものにできるこのツールこそが、人生100年時代のまちづくりを切り開くのではないかと考えます。

私たちはその潜在的な力を理解し、その可能性を最大限に引き出しながら、人生100年時代のまちづくりを支える基盤として、デジタルツインを育てていきたいと考えています。

4-7 技術進化と人の行動の変化に適応するインフラ
モビリティとともに進化する都市インフラ

CASE STUDY : e-MoRoad® | 株式会社大林組

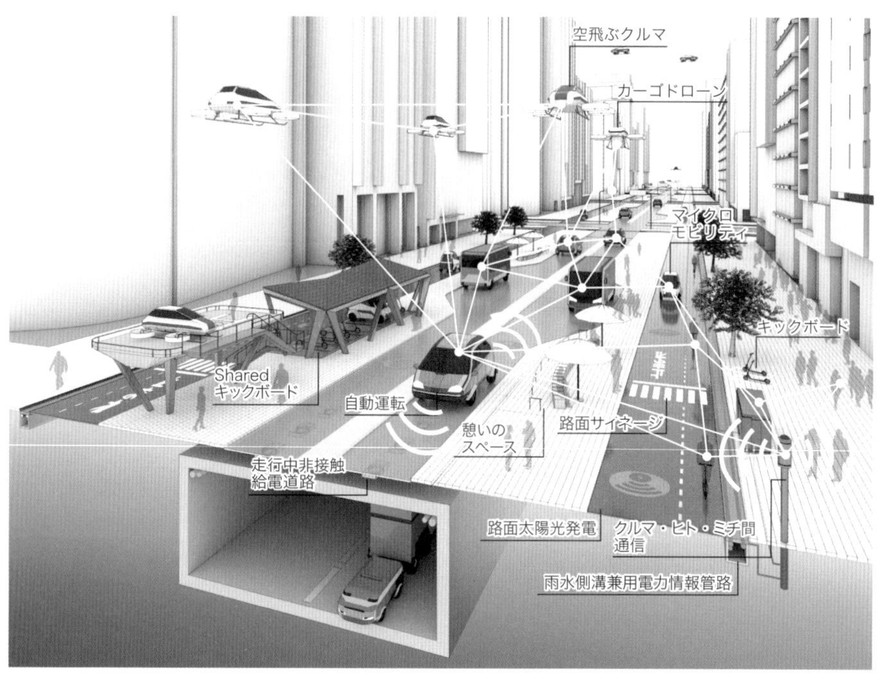

図1 次世代道路・モビリティインフラ「e-MoRoad」イメージ図

未来を見据えたモビリティインフラ

現在、100年に一度といわれるほどのモビリティの大変革が進んでいます。「CASE (Connected、Autonomous、Shared & Service、Electric)」と呼ばれる車の電動化、ネットワーク通信および自動運転といった技術革新や、個人のニーズに合わせてさまざまな交通手段とサービスを組み合わせて提供する「MaaS (Mobility as a Service)」などのモビリティの変革に対応して、まちや道路は生まれ変わりつつあります。このようなモビリティインフラがつくる未来の都市開発に向け、大林組は建設業として培ってきたインフラ構築の知見から［e-MoRoad］を提案しています（図1）。

次世代高機能道路の実現を目指して

［e-MoRoad］は、従来の道路のようにただ車が走ることだけを想定するのではなく、モビリティとインフラを同時に考える試みです。

例えば大林組の技術研究所では、電気自動車

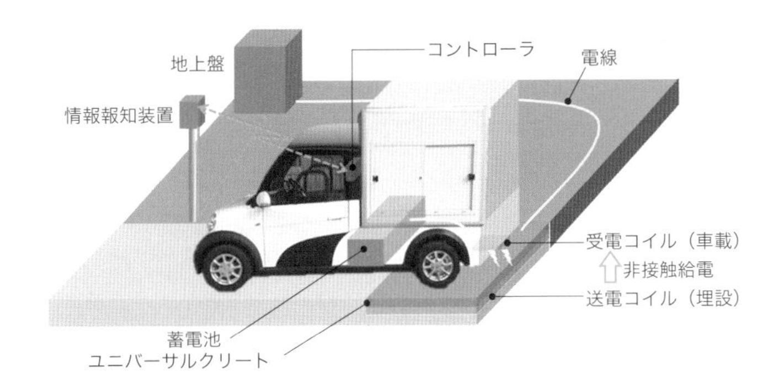

図2　電気自動車の走行中非接触給電技術と電動キックボードのワイヤレス充電（電動キックボードのワイヤレス給電共同研究：古河電気工業株式会社、協力：LUUP）

に非接触給電する道路舗装技術の実証実験を行っています。ユニバーサルクリート[注1)]により給電用のコイルを浅く埋設し、電力供給と走行情報等のネットワークを構築するために、雨水側溝を利用して電力・情報ネットワーク網を整備するという技術です。これらの技術を実用化させることで、既存のインフラを大きく変えることなく、電気自動車の給電簡易化や走行距離の延長に貢献できると考えています（図2）。

「e-MoRoad」が描く未来

現在、[e-MoRoad] 構想を実現するためのモビリティインフラ技術を開発するため、民間企業をはじめ、国、地方自治体および道路会社、研究機関など、多くの関係者と協働・連携し、日々検討と実証実験を行っています。非接触給電技術のほかにも、空飛ぶクルマの離発着機能（図3）、出発地から目的地までのモビリティをシームレスに接続する検索・予約機能を有するMaaS システム（図4）、自動運転車の支援技術（図5）、地下

図3　空飛ぶクルマの離発着場のイメージ　空飛ぶクルマ実用化に向けて離発着場の標準化を目指す

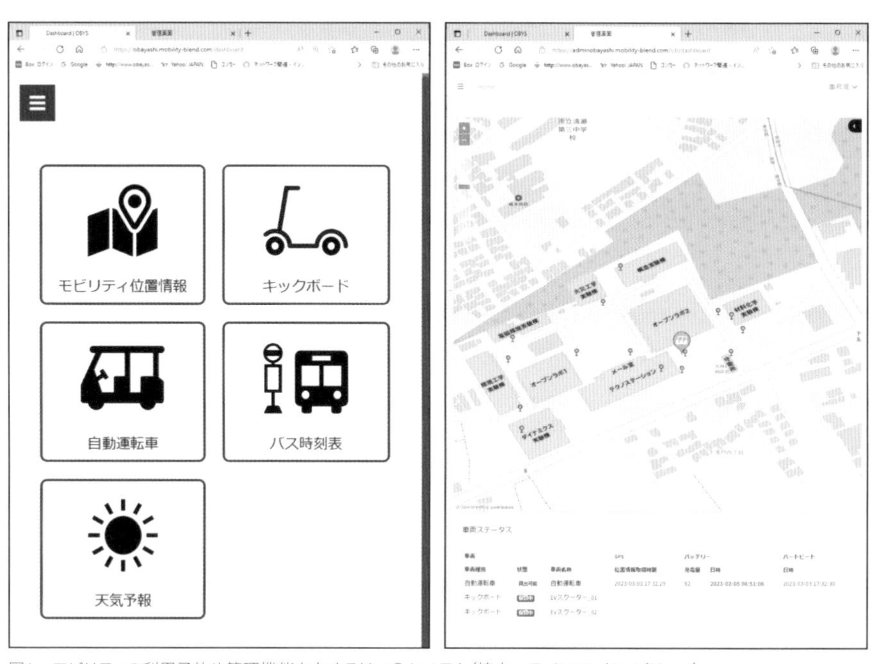

図4　モビリティの利用予約や管理機能を有するMaaS システム（協力：ライフアンドモビリティ）

図5　自動運転車の自動走行と自己位置推定技術により自動運転を支援する道路インフラ　（協力：名古屋大学）

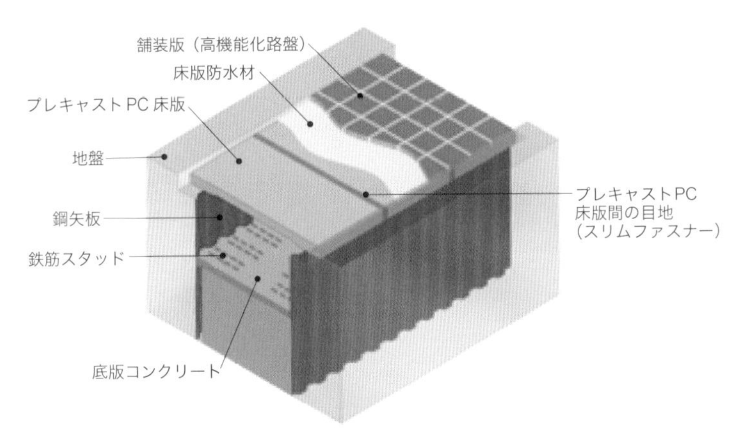

図6　地下空間の施工法「ダイバーストリート」（トヨタ自動車未来創生センター・豊田中央研究所 共同研究）

空間を有効活用するための道路施工技術［ダイバーストリート®］（図6）など、モビリティインフラの変革に向けて多角的にアプローチしています。

またさらに、将来的には移動だけなく、バス停や歩道にベンチやテーブル等を配置するなどして、モビリティインフラを通じたコミュニケーション空間の創出にも取り組みたいと考えています。こうした取り組みにより、あらゆる人やモノが自由に、快適に、廉価に、そして安全に移動できる都市の実現に寄与できることを、我々は願っています。

注

1）ユニバーサルクリート：躯体構築用モルタルに特殊ポリプロピレン短繊維を混入させたコンクリート。従来の鉄筋コンクリートでは誘導加熱が生じて給電効率の低下等が生じるが、金属を用いないため給電効率への影響が小さい。

人生と都市の豊かさを結びつける

5章 ライフシフトが生み出す都市のオルタナティブ

東京工業大学　真野洋介

ライフシフトは地域社会に どのような豊かさをもたらすか

人生の長寿化、かつ社会の選択可能性が増える中で、個人のライフシフトが進み、一定の集積を見せたとき、都市・地域のどこに変化が現れてくるだろうか？

住まいや地域に関しては、従来の「住み続けられる」ことでなく、多様な指向によって、一定程度入れ替わりながら土地や建物が継承され、地域が継続していくプロセスが重視される。合わせて、居住の多様化に応える柔軟な建物改修や不動産流通のモデルなどが必要とされる。これらの流動と多様な居住像が生まれてくると、当然、これまでの人口密度や年齢構成によって区切られた地区の範囲や近隣についての考え方は変化する。自治会や学区など、歴史的経緯や生活圏から形成された地縁コミュニティが見直され、地区の再編成が進むだけでなく、開発や再生に適切な単位として切り出されるエリアや、公園・メインストリートのような、公共空間の再生を軸とした地区設定など、さまざまな方法が模索される。

大都市圏においては、マイノリティの多様化と包摂が進み、さまざまな表現とともにサブカルチャーを育む土壌が生まれ、混ざり合う「ごちゃごちゃ感」が街の活力を表すアイデンティティとなり、それが地域マネジメントの源泉となる。同様に、経済・文化活動のメインストリームが見えやすい都市において、環境の循環、文化包摂と多様性の指向などに基づくオルタナティブなライフスタイル・ムーブメントが存在感を高めていく。

一方、地方都市においては、新しい生き方・暮らし方を模索する選択的ライフスタイルの集まりが共感を伴い、その地域に「新たなはじまり」をもたらす場合が見られる。2010年代から始まった「地方創生」政策において、当初は、東京や大都市圏から見たカッコ書きの特別な地方像や移住・定住の姿であり、小さいが目立つ逆向きのベクトルが可視化されたにすぎない雰囲気があった。しかし2020年のパンデミックとDX、環境・エネルギー問題への意識変化などが、都市と農村、大都市と地方の二項対立ではない、新たな暮らしの領域と選択の幅を広げ始めている。また、「創造都市農村」など、特別な呼称で区切ったクリエイティブ地域[注1)文1)]を形成しなくとも、新たな選択をした人々が新たな風をもたらすような地域が増えている。

以上のように、地域というスケールでの豊かさが個人ごとに実感でき、また、地球環境に接続するローカルな単位として、自らが働きかける地域を持つようなライフシフトから、新たな方向性をもたらす役割とプロセスについて考える。

ライフシフトの舞台とプロセスの展開

新たな方向性をもたらす役割とは、これまでとは異なる人や資源が流動し、循環が起こるプロセスや環境を形成する役割である。かつての港町や宿場町、問屋町などがその役割を担っていたような、外部の人やモノ、情報の流動によって地域に豊かさをもたらした都市もあったが、人口・労働力の集中と分散、空洞化などが繰り返され、連担している大都市圏では、都市の変化や新たな方向性をもたらす起点となる場所や地区などが見えづらくなっている。また、起点となる場所・界隈から地区、圏域へとスケールを重ねながら、はたらきを拡げる方法について考える必要がある。

ライフシフトにおける変化のきっかけを与えてくれるものは、一般的には「弱い紐帯」[文2)]と呼ばれる、新規性が高く価値ある情報が、それほど結びつきが強くない人的関係性からもたらされる機会であるとされる。こうした機会が多く得られる環境を、起点となる場所や地区で構築することを考える。例えば、住宅や事業所内外の滞在空間と場所を増やし、まちにいる人や活動の密度を上げることで、新たな流動や循環などが起きる環境に転換する。また、従来の居住・移住、起業支援、公共空間活用、エリアリノベーション、まちなみ・景観保全、観光など、個別目的に沿って行われている活動が、相互に呼応するようなプロセスを起こすことが求められる。このプロセスにおいて、各施策の一元化や、一部の挑戦的な事業体、不動産のスキームを活用するだけでは、新たな生態系は形成されない。「弱い紐帯」やさまざまな機会が生まれ、地域内外の人々との対話や問題意識、アイディア、事業の種などを醸成する土壌と生態系を徐々に育てていく「Community Engagement」の視点と、それぞれの場所で起きる活動がパラレルに進みつつも、相互に意識する存在になるプロセスの顕在化などが求められる。

生活と教育のオルタナティブを構想することから、新たなフィールド形成へ

20世紀までにおける都市・地域のインフラは、集落は一次産業を支える集合的環境として、郊外住宅地は工業・業務地区で働く勤労者を送り出し、家族の余暇や教育を享受する役割を持つなど、建物と土地利用の主たる用途に対応し、その役割を果たし続けることが環境やコミュニティの持続を支えてきた。同様に、地主は農地や屋敷地を守る役割、農家は農地で生産を維持する役割、住民は近隣環境を維持する役割を担ってきた。人口減少や産業構造の変化などが、20世紀後半の中山間地域で始まり、その後、大都市圏郊外の市街地にまで及んできたのが21世紀以降の20年間である。この大きな変化の波の中で、当初の役割を果たせない土地や施設、住宅の新たな役割について考えてみることが出発点となる。

一方、これまでの家族や地縁とは別の文脈での「地主」や「農家」「漁師」「住宅所有者」が地域の担い手となったり、子どもから高齢者までの新たな教育環境の模索が行われたりする中で、地域コミュニティを支える新たな環境に変化していく流れができつつある。これらのさまざまな試行錯誤の中から、未知の統合環境[注2) 文3)]が生まれてきている。

このように、生活や教育のオルタナティブを構想し、これまで形成されてきた都市・地域のインフラに新たな役割を見出しながら、新たな人の流動を起こし、役割の転換と環境の再構築を後押しするようなプロセスが、人生と都市・地域の豊かさを結びつけるソーシャルインフラの確立、さらには、第五時代の都市デザインのフィールド形成に向かうのではないだろうか。

注

1) ユネスコ「創造都市ネットワーク(2004年〜)」、米国における「Innovation district」などが相当する。
2) 地域文脈の再解釈や資源発掘、社会的包摂、場所の再目的化等に関する試行錯誤の末、新たに組み立てられる統合的環境については、「アッサンブラージュ」(アメリカ・ワシントン大、Jeffrey Hou教授による概念)や、筆者の「ローカル・アセンブル」など、近年さまざまな呼称が用いられている[文3)]。

参考文献

1) Sharon Zukin, *The Innovation Complex: Cities, Tech, and the New Economy*, Oxford Univ Press, 2020
2) マーク・グラノヴェッター、野沢慎司(編・監訳)「弱い紐帯の強さ」『リーディングス　ネットワーク論家族・コミュニティ・社会関係資本』勁草書房、2006年
3) 佐藤滋編『まちづくり教書』鹿島出版会、2017年

5-1 市民参加を都市の自律的な運営に結びつけるインフラ
資本主義社会に依存しない新しい地主のあり方

CASE STUDY：神奈川県藤沢市辻堂「ちっちゃい辻堂」

東京工業大学　小永井あかり

図1　100年後をイメージした「ちっちゃい辻堂」

100年先の風景を想像し、その最小単位をつくる

「100年先の風景を想像し、その最小単位をつくる」。この大きな目標に向かって、試行錯誤を繰り返しているのが、神奈川県藤沢市の「ちっちゃい辻堂」です。

ここで100年先の風景とされていることは、いのちを真ん中にした持続的な暮らしです。その場所に住むすべての人間が、その場所の風景をつくりあげるすべての生き物と持続的な関係を結び、この循環の中で暮らしを営む、人生100年時代に求められる豊かな暮らしの1つがそこでは描かれます(図1)。

しかし、このビジョンを実現することは、簡単なことではありません。100年先の未来は、短期的な利益だけを優先したり、利己的な考えに陥っては描くことができません。そして、自分の想いを他者と共有して共同で取り組むことができなければ、それが風景として地域に根付くこともないでしょう。本稿では、この大きな目標をビジョンのままで終わらせずに、実際に少しずつ地域を変革し始めた一人の地主に焦点を当てて、既存の価値観に捉われない新しい地主としての考え方とその取り組みを紹介します。

図2　土間空間からコモンスペースが見え、隣人と程よい距離感で過ごせる　撮影：奥田正治

図3　軒先から他の家の気配を感じることができる　撮影：奥田正治

図4　ワークショップを通じて作った微生物舗装　撮影：奥田正治

図5　ちっちゃい辻堂内で育てている鶏　撮影：奥田正治

ちっちゃい辻堂が織りなす、いのちを真ん中にした生活

[ちっちゃい辻堂]は、4棟の一軒家と3世帯が入居できるアパート、石井家の母屋、離れそしてコモンハウスから構成される9世帯の小さな村のような場所です。家屋はお互いの気配が感じられる程よい距離感を保ちつつ助け合うことができる住まいという考えのもとで作られており、共用部からプライベート空間を緩やかに繋いでいます（図2、3）。コモンハウスには、井戸や雨水タンクなどがあり、生ゴミによる堆肥作り、CSA（地域支援型農業）などの活動が営まれています。共用部の通路ならびに駐車場は微生物も住め、雨水を大地に浸透させる、微生物舗装にしています（図4）。

この[ちっちゃい辻堂]の一番の特徴は、自然の循環の中に人々の暮らしを組み込んだことにあります。例えば、可動式の鶏小屋であるチキントラクターを活用して鶏を育てたり、畑や食べられる果樹など、自然からの資源を共有しながらゆるやかに人と繋がっている様子が窺えます（図5）。

図6　辻堂の街全体未来ガイドマップ

所有をある程度手放す地主としての考え方

［ちっちゃい辻堂］を企画・運営しているのは13代目地主の石井光さんです。石井さんは、幼少期から虫やカエルなどの自然に興味を持ち、大学でも生態学を専攻していました。しかし、家庭の事情で30代という若さで土地を相続することになります。その際に、「大きい、強い、早い」という資本主義の考え方に疑問を持った石井さんは、自然や農を通じた生活コミュニティを形成することで生き物を真ん中にする空間をつくることを考えます。

石井さんは、地主の役割を「ビジョンを描き」「全体を調整し」「共有の概念を創る」ことだといいます。ここでいう「全体」とは、「経営」「コミュニティ」「自然」の三者を内包するものです。地主が持続的にあり続けるためには、経済的な折り合いを付けながらも、その土地に住まうすべての人と生態系を調整しなければならないという考えが窺えます。そして、街区レベルのビジョンの実現に求められる「共有の概念を創る」ための取組みが、所有をある程度手放なすということです。

あらためて［ちっちゃい辻堂］の風景を見直してみましょう。するとそこには、様々な余白が存在していることに気づかされます。敷地境界線に沿って塀があるわけではなく、曖昧な空間が残されている「家の余白」。［ちっちゃい辻堂］の仕事を外部の人ではなく地域の人たちで行うという「コミュニティの余白」。そして、ルールをきちんと決めずに居住者の人達と考えるという「ルールの余白」。

石井さんは、地主としての所有を一部手放して、この「余白」づくりを積極的に行っています。そして、共有という概念を押し付けたり強制するのではなく、余白を上手にデザインすることで、内発的に共有の精神やコミュニティ自治が生まれるきっかけを創りあげているのです。

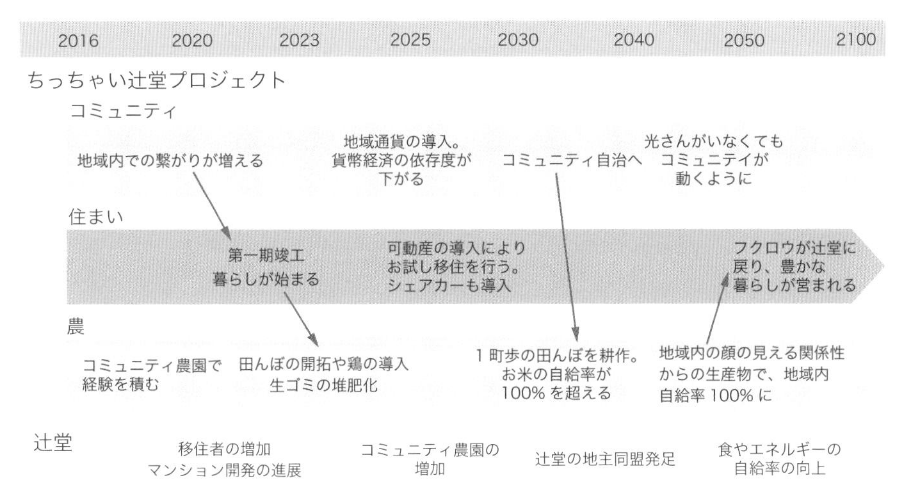

図7　「ちっちゃい辻堂」の将来100年間年表

図8　老若男女関わらず人のつながりを作ることができる　撮影：奥田正治

積極的に「住む」ひとが集うまちの姿

今［ちっちゃい辻堂］では4棟の住まいが立ち、これから新しい暮らしが営まれようとしています。また鶏の飼育や新たな田んぼの開拓を行い、農を通じたコミュニティを形成しつつあります。

ここに集まる人々は「住む」ことを「消費」とは捉えていません。地球の生態系の一端を担っている生き物であることを感じながら、農を通じたコミュニティの中で生活を送ります。このように、［ちっちゃい辻堂］に集まる人は、自然の循環の一部として働いています。「住む」ことは人間が生物として自然環境の中で暮らすことでもあります。そのような能動的にまちに「住む」人がいることで、100年先にその街の風景や文化を引き継いでいくことができます（図6、7、8）。

5-2

市民参加を都市の自律的な運営に結びつけるインフラ

生活圏を漸進的にリノベーションし続ける、人生100年時代の郊外住宅地

CASE STUDY：横浜市緑区 753 village ｜ 東京工業大学　大森文彦

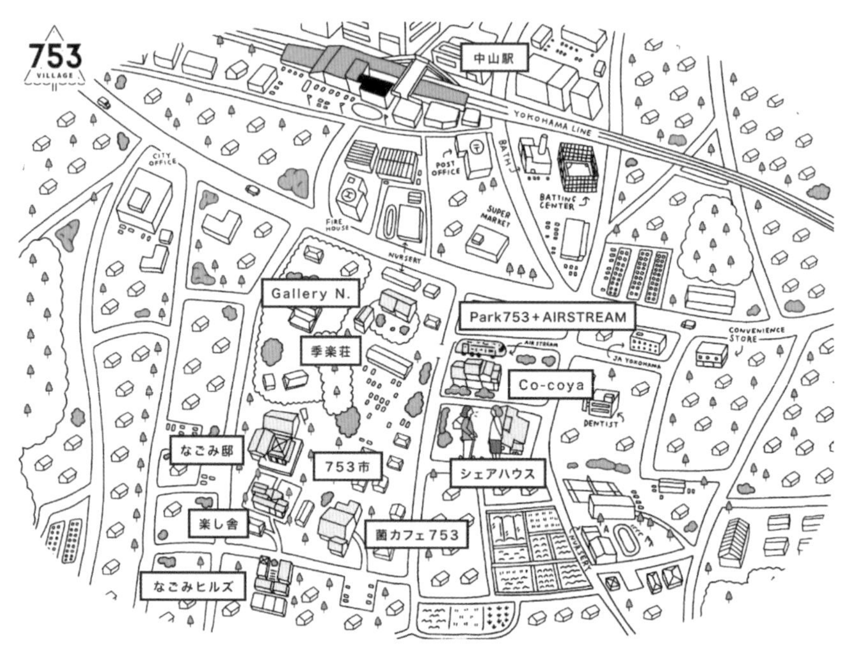

図1　複数の施設・空間が散りばめられた753 villageの全体像　出典：753 villageのHP

753 villageの各施設

神奈川県横浜市緑区の中山駅から徒歩5分程、中山5丁目一帯は一見、どこにでもある郊外の住宅地ですが、住宅を改装したカフェ、空き地に設置されたキャンピングトレーラー、市民農園、ギャラリー、音楽サロン、住宅を改修したワークショップスペースとアトリエ、庭園などが住宅の間に点在しており、総称して[753 village]と呼ばれています。2022年にオープンした最も新しい施設である「Co-coya」は、コワーキングオフィスやシェアアトリエなどの「職住一体型地域ステーション」です。その隣には私設公園ともいえる空き地「Park 753」とキャビントラックがあり、こちらは様々なイベント会場となっています。菌カフェ753は古民家を改修した、発酵食品を中心とする飲食店となっており、道を挟んだ向かいには、地主が買い戻したミニ戸建3棟を改修した賃貸住宅コミュニティ「なごみヒルズ」があり、その一棟が多世代交流カフェ「レモンの庭」となっています。最も高台に、苔と桜の木が整えられた庭と多目的スペース「なごみ邸」と、貸教室「楽し舎」があり、様々な催しや講座の場となっています。これらの複数の施設が徒歩5分圏内に点在し、[753 village]はかたちづくられています。

図2　コワーキングオフィスやシェアアトリエなどの「職住一体型地域ステーション」であるCo-coyaは最も新しい活用物件

地域の魅力を耕し続ける

こうした［753 village］各施設の底地を所有しているのが、中山地域で900年以上、農業を続けてきた地主一族です。現在の当主は25年近くかけて、同地域内に様々な用途の空間を導入してきました。地主一族は戦後の農地解放後、手元に残った農地を住宅地として切り売りするのを極力控え、自ら宅地の区画を整備した上で借地として貸し出しました。結果的に、2023年現在でも同地域で多くの底地を所有しており、借地が返還されるたびに、その上の建物を改修、様々な用途に転換して、新しい利用者を呼び込んでいます。現在の当主は、一般的な賃貸アパートやロードサイド用地とすることで、地域の個性が失われ、人口減少時代に中山地域が選ばれない場所になってしまうことを危惧し、あえて物件単体の利益は低くとも、総体としての地域の魅力や多様性を向上させるような用途を積極的に導入しています。すでに多くの郊外部では区画整理が済んでおり、また多くの農家が地主化するとともに、その敷地も相続を重ねることで細分化が進んでいます。その中で、地主が所有敷地の多くを借地で維持し続けながら、地域の魅力向上を明確に意識しつつ、積極的に所有物件の多彩な活用を行っている事例は非常に稀有です。中山地域では結果的に、様々な世代や属性、境遇の人が集う豊かな空間・地域が形作られつつあり、近隣の一般的な住宅やアパートにも入居者が埋まる状況を生んでいるといえます。

図3　Co-coya横の空き地を使って開催されるイベント

図4　Co-coyaでのイベントの様子　撮影：宮嶋祐

図5　フラットマーケットでは，入居者が農園で育てた野菜などを販売している

多様で有機的なコミュニティ

もちろん［753 village］の魅力は地主個人の働きだけに依るものではありません。こうした物件や空間が累次的に増えて、前記のように既に10近くに及び、有機的なつながりと持続的な活動が連鎖し、様々な人が域外から呼び寄せられています。主にレモンの庭を拠点に子育て支援の一般社団法人を運営する女性は、引っ越してきた横浜市で親子がのびのびすごせる居場所が見つけられずにいましたが、［753 village］と出会い、「子育て世代だけではなく、高齢者も障害のある人も、多世代が誰でもふらっと立ち寄れて気楽に過ごせる居場所を作りたい」というコンセプトのもと、様々な子育て支援活動の場を持つにいたりました。Co-coyaを運営に携わる女性は、近隣に住んでいた際、地主と出会ってから様々な活動に関わるようになり、空き家となっていた前身の建物の活用の中心となっていき、現在に至っています。さらに，地主自ら定期的にCo-coya内で駄菓子屋をおこない，立ち寄る近所の子どもや親に向けて，自ら取り組みの周知や地域コミュニティの相互理解に向けて尽力しています。近年は，地元小学校の校外学習でも［753 village］の見学などが行われるようになりました。他にも、様々なグラデーションで中山地域に関わる人々の総体が［753 village］のコミュニティをかたちづくっています。

人生100年時代の郊外住宅地

人生100年時代、より長く関わることになる生活の舞台を、どのような場にしていきたいか、どのように関わっていけるのか。本事例のように、漸進的・自然的（じねんてき）に地域に求められる多様な用途を整えていくことは、計画や地域の合意形成といった、明確な手順を踏んだプロセスとは一見矛盾す

図6　なごみヒルズで行われるマルシェ「フラットマーケット」　撮影：宮嶋祐

図7　地主自らが企画する駄菓子屋

図8　最初の活用物件であり地域の中心である多目的スペースなごみ邸と庭は観桜会の会場ともなる

る手法ともいえます。しかし、それは計画や手順の蓋然性を覆すものではありません。長期的な目線で、他の地域と異なる魅力と個性を育む、というビジョンが次第に地域の中に共有されることで、それを実現するためにどうしたいか、自分なら何が出来るか、多くの人が考えることになります。それは、ある意味内なる計画として、地域の人に働きかけ、外から与えられた計画よりもむしろ、内発的・持続的に地域を動かしていくのではないでしょうか。

5-3

市民参加を都市の自律的な運営に結びつけるインフラ

「こどもが当事者」人口約1万人の地方都市で始めるまちづくり教育

CASE STUDY：宮崎県都農町まちづくり教育

東京工業大学　田中虎次郎・丸地優

図1　小中学生による活動団体「Green Hope」議会にて町に対しての提案を行う

こどものまちづくりへの参画が地方都市を変える

2022年度に開催された、ゼロカーボン推進団体「GreenHope」が参加する議会。この「GreenHope」の一員として議会に出席したのが、小中学生のこども達です（図1）。「こどもが『当事者』として実際のまちづくりに関わる」というような社会が、今まさに、小さな地方都市で少しずつ実現されています。

少子高齢化が特に著しい地方都市において、人生100年時代という未来を見据えたまちづくりを構想していくためには、こどもを含めた若者がまちづくりの当事者として参画していくことが欠かせません。ここで言う、まちづくりへの「参画」とは、まちづくりに関する議論・提案・実践までの一連の流れを指しており、まさに、こどもがまちづくりの担い手として活動を行うような状況を示しています。では、どのようにすれば、まちを実際に作り変えてしまうような、こども達によるまちづくりの「参画」は実現するのでしょうか。本稿では、宮崎県都農町におけるまちづくり教育の展開を紹介します。

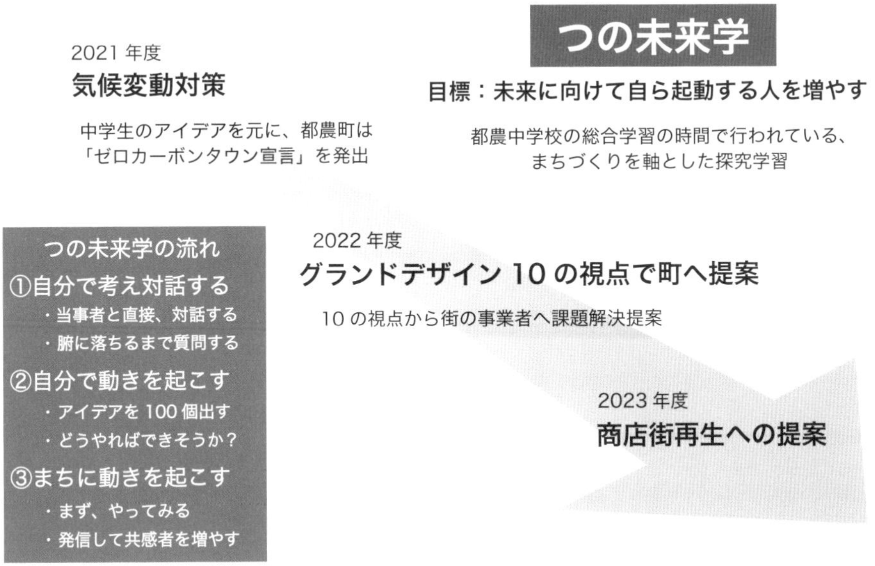

2021 年度
気候変動対策
中学生のアイデアを元に、都農町は
「ゼロカーボンタウン宣言」を発出

つの未来学
目標：未来に向けて自ら起動する人を増やす
都農中学校の総合学習の時間で行われている、
まちづくりを軸とした探究学習

つの未来学の流れ
①自分で考え対話する
・当事者と直接、対話する
・腑に落ちるまで質問する
②自分で動きを起こす
・アイデアを 100 個出す
・どうやればできそうか？
③まちに動きを起こす
・まず、やってみる
・発信して共感者を増やす

2022 年度
グランドデザイン 10 の視点で町へ提案
10 の視点から街の事業者へ課題解決提案

2023 年度
商店街再生への提案

図2　町に対して議論・提案を行う「つの未来学」の流れ

都農町が実践するこどもが参画するまちづくり

宮崎県都農町は、人口約1万人の小さな地方都市です。町内唯一の高校であった都農高校が2020年度をもって閉校したことで、中学校を卒業した後、こども達は必然的に町外の高校や大学に進学することになりました。このような背景の中、2021年度より始まったのが都農町のまちづくり教育です。

このまちづくり教育の注目すべき点は、実践されるまでのことを想定して、議論・提案の場をデザインし、こどものまちづくりへの参画を推進している点です。この議論・提案の場となっているのが、都農中学校での「つの未来学」です。これは、総合的な学習の時間の授業の内15時間を用いて、まちづくりに関する議論と都農町に対する学生提案を行うというものです（図2）。ここでは、誰かに「〜してほしい」というものではなく、学生自らがまちのために「〜したい」という提案が行われます。　そして、この提案は、町長、教育長、町役場まちづくり課・建設課、町内企業、一部の自治会の前で発表され、その実践方針やプロセス、活動の場などについての話し合いが行われます。これらの、実践という次のステップを見越した議論・提案の場づくりが、まちづくりへの参画の回路を生み出しています。

具体的には、2021年度に、「つの未来学」での提案を受けて、小中学生（現在は小学生のみ）で構成する活動団体「GreenHope」が結成され、この団体が議会への出席やまちなかでの活動実践を行う展開がみられました。「GreenHope」は、2023年3月に活動予算として100万円を議会に提案して可決され、その活動資金をもとに商店街の真ん中にあるマーケット跡地で「みちくさ市」という月に1回の実証実験型の地域イベントを開催しています（図3）。また、2023年度からは、都農中学校の地域クラブの一つとして「まちづくり部」が結成され、イベント時のドリンク販売などのまちづくりの実践に取り組んでいます（図4）。

図3　マーケット跡地におけるみちくさ市の開催により、地域のこどもと大人が交流する　写真提供：株式会社イツノマ

空想で終わらせない、
こども参画まちづくりの実現

都農町のまちづくりを推進するのが、「都農町キャリア教育支援センター」です。この教育支援センターは、「一般財団法人つの未来まちづくり推進機構」を事務局として「都農町教育委員会」とで構成されるもので、その企画運営業務を「株式会社イツノマ」に委託し、官民連携でまちづくり教育を行っています。そして、この主体構成のなかにも、都農町でこども達がまちづくりを実践できるいくつかの理由を見て取ることができます。

こどもがまちづくりに「参画」するための課題には、「財源の確保」「まちづくりの機会や場の確保」「保護者との信頼構築」などが挙げられます。都農町のこどものまちづくりに関わる「財源の確保」は「一般財団法人つの未来まちづくり推進機構」により賄われています。そもそもこの機構は、ふるさと納税による寄付金で設立されたものであり、地域活性化を願う住民のために資金を適切に活用する仕組みが構築されています。また、「まちづくりの機会や場の確保」は、民間のまちづくり会社である「イツノマ」により提供されています。「イツノマ」は、都農町で商店街や閉校となった高校を舞台にまちづくり活動を行う事業者です。このような事業者がまちづくり教育に参画していることで、既にまちづくり活動が展開されているフィー

2021

- 都農中学校で「つの未来学」がスタート
- 中学生が提案した気候変動対策アイデアをもとに「ゼロカーボンタウン宣言」を都農町が掲げる
- 小中学生選抜チーム「Green Hope」結成
- ゼロカーボンU-18議会を設立

2022

- 都農町キャリア教育（まちづくり教育）が文部科学大臣表彰を受賞
- Green Hope が議会にて提言し、100万円の予算可決

2023

- 毎月1回「みちくさ市」の開催がスタート
- 都農中学校で部活として「まちづくり部」設立

図4　これまでの都農町のこどもによるまちづくりの経緯

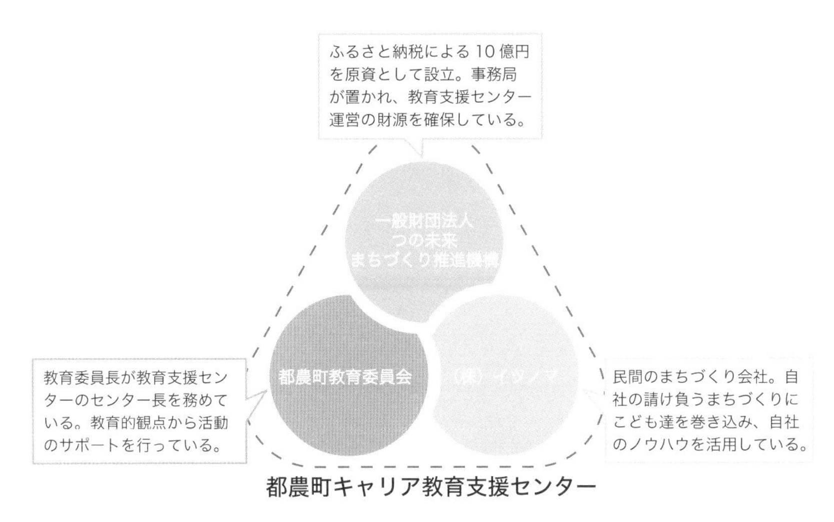

図5　都農町まちづくり教育を推進する「都農町キャリア教育支援センター」の構成

ルドにこどもを巻き込むことや実践のノウハウを伝達することが達成されています。「保護者との信頼関係」には、「都農町教育委員会」が大きく貢献しています。教育委員会の教育長が責任者となること、教育委員会の職員がこども達の放課後の活動をサポートしていることなどが、本取組みの根底には教育があるという安心感を保護者に与えています(図5)。

この他に、まちづくり教育の議論や実践のテーマのなかにも、こども達のまちづくりへの参画を実現するための工夫が見られます。都農町のこども達がこれまでに取り組んだテーマは、「地球環境問題」や「ゼロカーボン」など、世界共通で喫緊の課題でありながら、地域の中であまり話し合われていないものでした。このような新しいまちづくりのテーマにあえて取り組むことも、地域内のわだかまりや対立などを気にすることなく、こどもの自由で革新的な発想をもとに活動を実践することを可能としているのでしょう。

こどものまちづくりへの参画が映し出す地方都市の持続的な未来

こどものまちづくりへの「参画」は、こどもの地域への「参画」でもあります。例えば、みちくさ市により、地域で暮らす高齢者とこども、出店した地域内の小売業者とこどもにおける交流が生まれ、地域コミュニティの再構築が起こっています。こどもは地域で働く人や産業について学び、大人は未来の当事者としてまちづくりを行うこどもの存在を知ります。未来を見据えたまちづくりを行うこどもの存在は、大人が漠然と抱いていた町の将来像をより具体化するものであり、こどもだけでなく大人も含めて地域が持続していくためのまちづくりを考える機会を与えます。持続的な未来を見据えたまちづくりを地域が一体となって行っていくためにも、こども達のまちづくりへの「参画」を積極的に行っていくことが求められます。

5-4 市民参加を都市の自律的な運営に結びつけるインフラ
「学ぶ力」が紡ぐ意志のリレー

CASE STUDY：気仙沼「一般社団法人まるオフィス」

東京工業大学　井口夏菜子

図1　東日本大震災による被害がありながらも今では活気に溢れた漁師町、気仙沼

意志が芽吹く宮城県気仙沼市

かつて、陸の孤島と言われた小さな港町である宮城県気仙沼市。一度は東日本大震災により大きく被災したものの、漁師町として自分たちでこのまちを育ててきたプライドとこのまちへの愛着心により、新たな気仙沼のあり方を模索する探究心が湧き出る場となっています。こうした人々の想いが、自分自身や社会をより良くしたいという次なる意志を紡ぎ出しています（図1）。この意志のリレーは、今では東日本大震災を知らない若者や気仙沼を超えた海外の人たちまで続いています。この流れの強力な伴走者となっているのが、東日本大震災を機に移住した若者と地元の若者が2015年に立ち上げた、一般社団法人まるオフィスです。

まるオフィスとは「地元の課題を学びに変える」をミッションに宮城県気仙沼市を拠点とする教育＆まちづくりNPOです。教育事業では中高生の探究的な学びを応援する事業を主軸に活動しており、「気仙沼市探究学習コーディネーター」として気仙沼市内の中学校の探究学習授業をサポートしている他、2022年に気仙沼市で新たに立ち上がった「気仙沼学びの産官学コンソーシアム」では地域企業や行政、学校と連携して高校生の学びを支援しています。また、それらをマンガで分かる探究学習として、オリジナルサイト「中高生の問

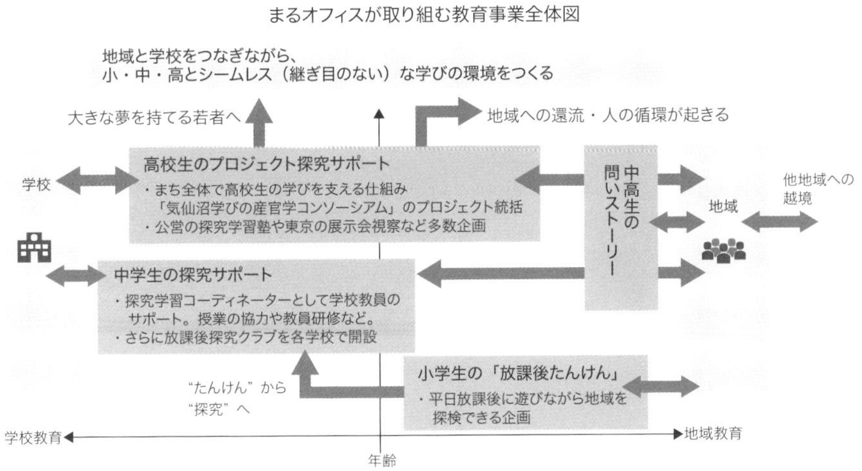

まるオフィスが取り組む教育事業全体図

地域と学校をつなぎながら、
小・中・高とシームレス（継ぎ目のない）な学びの環境をつくる

大きな夢を持てる若者へ

地域への還流・人の循環が起きる

学校

高校生のプロジェクト探究サポート
・まち全体で高校生の学びを支える仕組み
「気仙沼学びの産官学コンソーシアム」のプロジェクト統括
・公営の探究学習塾や東京の展示会視察など多数企画

中高生の問いストーリー

地域

他地域への越境

中学生の探究サポート
・探究学習コーディネーターとして学校教員のサポート。授業の協力や教員研修など。
・さらに放課後探究クラブを各学校で開設

“たんけん”から
“探究”へ

小学生の「放課後たんけん」
・平日放課後に遊びながら地域を探検できる企画

学校教育

地域教育

年齢

図2　まるオフィスが取り組む教育事業全体図　提供：まるオフィス

いストーリー」で地域内外に発信しています。このような学びを支える人の循環をつくるため、地域内の当事者と地域外の“ソトモノ”を織り交ぜた形で行う地域コーディネートや、一人一人のライフスタイルに合わせた気仙沼との関わりを提案・発信する事業も展開しており、成長に応じた、気仙沼独自の多様な学びのプログラムを担う存在となっています（図2、4）。

私たちのあるべき「学びの在り方」を体現するまるオフィス

今でこそ探究を通して気仙沼市に夢を創出するまるオフィスですが、今日に至るまで幾多の紆余曲折がありました。まるオフィス立ち上げ当初の2015年は観光事業として、漁師体験を展開していましたが（図3）、事業を進める中で漁師さんから地元の子ども達に漁師という仕事を伝えたいという声が上がり、2016年ごろから地元の中高生に向けた漁師体験が始まりました。しかしここで、漁師という限られた選択肢だけを伝えることが本当に子ども達のためになるのか、子ども達の未来の

図3　まるオフィスが最初に始めた観光事業としての漁師体験　提供：まるオフィス

選択肢を広げるためにも、子どもたち自身が自分で考え探究していく仕組みをこのまちにつくることが大事なのではないかという考えに至り、2018年から探究的な学びの支援という教育事業に舵を切りました。今では、津々浦々で若者が大きな夢を持てる社会に向けて、地域と学校をつなぎながら、小・中・高とシームレス（継ぎ目のない）な学びの環境をつくっています。そんな探究心の向かうままに学んではそれを手放し、成長と振り返りを繰り返してきたまるオフィスが、自身の経験をもって、現在気仙沼市で今あるべき私たちの「学びの在り方」を指し示してくれているのです（図5、6）。

気仙沼の探究学習支援事業

気仙沼市内にある全14校の小学校、全10校の中学校が対象。主に中学校で課内の授業・FWサポートと、有志の中学生を集めた課外活動「プロジェクト探究部」を通して、探究学習をサポート。

気仙沼学びの産官学コンソーシアム

気仙沼の民間企業・行政・高校が一体となり、主に気仙沼の高校生の学びを支えていく取り組み。
例：探究学習塾ナミカゼ、地元企業と展示会出張！未来ベンチャー

気仙沼の高校生 MY PROJECT AWARD

高校生が「気仙沼のためにやってみたい！」そんな想いを原点に、地域の人に向けて発表するプログラム。

小中学生の学びの支援　→　高校生の学びの支援

図4　年齢や属性に応じた人材育成プログラムを展開する気仙沼市

図5　中学校にて行う探究的な学びの支援　提供：まるオフィス

図6　新たな学びや交流、チャレンジが生まれる場「気仙沼市まち・ひと・しごと交流プラザ」

“ソトモノ”と“ホンキの大人”が編み出す意志の萌芽

震災後、人の交流を生むために新たに建てられた施設、「気仙沼市まち・ひと・しごと交流プラザ」には、まるオフィスが委託を受けている「気仙沼市移住・定住支援センター MINATO」の窓口があります（図6、7）。まるオフィスのメンバーである加藤航也さんは「いま気仙沼市には移住者が増えています。そして、そういったまちの様子をみて、『わたしも大好きな気仙沼にいつか帰りたい』と前向きな気持ちで卒業していく高校生たちが増えているように感じます」と語った上で、こうした人々の循環を気仙沼で成り立たせているものが、“ホンキの大人”と“ソトモノ”の存在だとお話ししてくださいました。まるオフィス自身が体現しているように、地元のため、若者のためにとホンキになって自分自身の“学び”をアップデートしていく大人たち、そして、東日本大震災を機に広がっていった関係人口増加に伴う気仙沼の外の人たちとの関係が、まるオフィスを通して、気仙沼の若者に及んでいくことで、小さな漁師町により広い世界を展開させているのです。“学びのインフラ”としてまるオフィスは、気仙沼の若者に自身の意志を育てるために必

ぬま大学

「気仙沼で何かやってみたい」という想いをもつ若者が、"自分を知ること" と "地域とつながること" を大切にし、気仙沼で実行するプランをつくりあげる、30代以下の社会人を対象とした半年間のまちづくり実践塾。

アクティブコミュニティ塾

講義やグループワーク、コミュニティ活動の事例研究などを通して、地域を元気にする活動について学ぶ、40歳以上の社会人を対象とした人材育成塾

アクティブ・ウーマンズ・カレッジ

気仙沼市で活躍する女性の講師の事業への思いや取り組み方を知った上で、普段の暮らしから自分の暮らす地域に関心を広げ、自分で考え、参加者同士で学び合うことで、チャレンジしたい気仙沼の女性を応援するプログラム

気仙沼経営人材育成塾

会計のプロである「メンター」が伴走し、様々な手法や助言のほか、数字面の相談を行うことで、技術革新や市場環境の変化などを背景に、様々な変革を迫られる経営者を支援する学びのプログラム

社会人の学びの支援

図7　気仙沼市まち・ひと・しごと交流プラザに展示されている気仙沼のチャレンジをチャレンジをまとめた「チャレンジマップ」(2019)

図8　中学生と探究学習を行うまるオフィスのスタッフ
提供：まるオフィス

要な「学びの在り方」を、"ホンキの大人"と"ソトモノ"の姿を介して教示しているように思います(図8)。

人生100年時代を生き抜く鍵となる「学びの在り方」

今やSNSやAI技術の到来により、他人と無理をして付き合わなくても生きていける時代、社会制度やサービスの充実により、自分から何かを生み出さずともただ享受するだけで生きていける時代になりました。時代の流れにおいていかれないように、そして、自分が自分の人生の主役として生きるために必要なのは、「学びの在り方」です。人生100年時代を生き抜くために必要な、幼少期の好奇心赴くままに行動する探究心、失敗を繰り返しながら自分をアップデートしていく向上心を大人と呼ばれる世代になっても忘れずにいるためにも、まるオフィスのような"学びの在り方"を見せてくれるインフラが今後必要になってくるように思います。

5-5 ライフシフトに対応して都市機能を更新するインフラ
駅と川を一体的にデザインすることで生まれる都市のアイデンティティ

CASE STUDY :OTO RIVERSIDE TERRACE（オト リバーサイドテラス）

株式会社アール・アイ・エー　原口尚也

図1　川から人を導き駅に送り出す親水空間の形成

家康公「つなぐ都市計画」の継承

岡崎は徳川家康公生誕の地であり、岡崎城を中心に東海道の要衝として栄えた歴史ある街です。徳川家菩提寺である大樹寺の山門は、居城岡崎城を美しく枠取りする構えで現代も景観軸（ビスタライン）として保存されています。また岡崎城、東照宮、富士山を始め家康公に謂れのある施設は一直線上の都市軸上に並ぶなど、街道の整備をはじめとした400年前の家康公の「つなぐ都市計画」の起点となっている街です。

さらに現在、岡崎市では、市の「QURUWA戦略」としてリバーフロントの市内活性化プロジェクトを中心に都市の大改造が進行しています。駅と川、街をつなぐ商業施設［OTO RIVERSIDE TERRACE］はそのリーディングプロジェクトとしての位置づけを担っています。運営主体は市の街づくり方針に共感し、事業プロポに参加した信用金庫、ホテルを中心とした地元企業参加型のSPCです。

計画のポイントは、駅と川を繋ぐ人の流れをつくり「回遊と滞留」が生み出す賑わい創出に貢献することでした。そのため、私たちはソフトとハードの仕組みづくりを大切にしました。

〈ソフト〉は事業のテーマを「OKAZAKIリブランディング」とし、観光の起点となる「街のコンシェルジュ機能」及び「伝統と時代感覚のコネクト機能」として地元のホテル、店舗を、さらに駅とつな

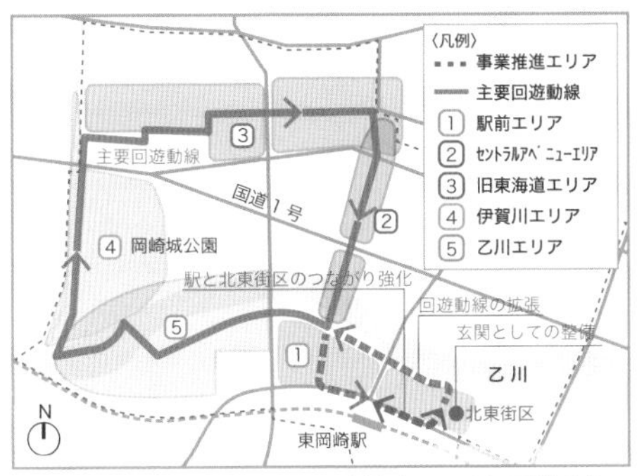

図2　新たな歩行者ネットワーク「ダブルリングの回遊動線」の創造

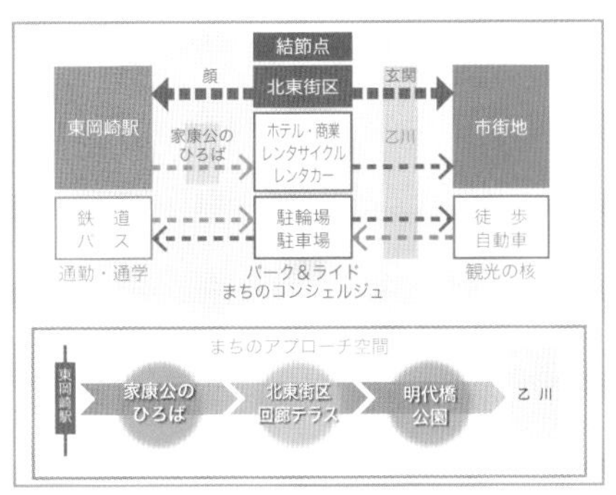

図3　東岡崎駅の「顔」、乙川・市街地への「玄関」として

図4　乙川の桜並木を眺めるテラス

げる「パークアンドライド機能」として駐車場、駐輪場（レンタカー、レンタサイクル機能含む）を導入しました。

〈ハード〉としては「東岡崎の玄関として駅と川・市街地をつなぐ結節点」となりうる施設構成に留意しました。駅に向かっては、大きな吹き抜けのある店舗が人を引き付け、敷地中央に複合機能を一つにまとめるイベント広場（通称「回廊テラス」）を設け、駅からの人の流れを受けとめ川に送り出します。

駅と川、街をつなぐ—「新世紀岡崎の櫓」

設計コンセプトを岡崎城へのオマージュから「新世紀 岡崎の櫓」とし、外観にはテラスなどのビュースポットを象徴的に配置。色彩には瓦の黒

図5　駅を繋ぐペデストリアンデッキからの眺め

図6　東岡崎の玄関。吹き抜けのある店舗が人を惹きつける

や漆喰の白を施し、石工で有名な岡崎の御影石を活用。また、隣接する河川緑地公園の既存の桜を保存し一体的に計画運用しています。土手には新たに船着場が設けられ、川下の岡崎城やホテル本館などとも船で行き来することができるようになり、一層川との一体性、親水性が高められることとなりました。つまりOTOは川からの客を迎える施設でもあるのです。シャープにライズを抑えた大屋根の下、透明感の高い店舗配置や大階段による通景空間によって背後の回廊テラスやホテルから川への眺望も確保しています。さらに客室開口部の矢絣(やかすり)をイメージした床までの縦長ランダム窓は、見下ろす川の眺めに配慮したものでもあります。また川と土手の断面にそって段階的、重層的にセットバックする施設配置とすることによって、「触れる川」川遊び→「感じる川」河川緑地公園、テラス→「眺める川」施設内からの川の眺望へと、川との関係、景観が多様に変化する様子を楽しむことができます。OTOのいたるところで市民が憩い、あらゆる行為が川の風景と共にある、そんな魅力ある空間となるよう心がけています。

市民の憩いの空間整備として、人と乙川を結ぶ「賑わいと憩い」が共存し、周辺景観と調和した「魅力と都市空間の創出」、集客と回遊性を促す広場をはじめとする「憩いの空間」の整備。隣接する交通広場、通学路、ウォーキングルート等を生かし、朝から夜まで時間ごとに老若男女、学生、社会人、子育て世代など、多様な人々が憩うことのできる開かれた施設計画としました。さらに敷地の枠を超えた土木施設等との景観調整等、リバー

図7　回廊広場におけるイベントの様子

フロントの街づくり方針を打ち出す岡崎市、専門家、事業者、テナントなど多くの方々の協力、支援をいただき隣接する交通広場、デッキ、公園等との調整をはかり実現が可能となりました。

2019年の竣工以来4年が経過し、外部空間を活用した当施設は、コロナ禍の状況においても市民に親しまれ賑わいを維持できたことは幸いであります。

当初、東岡崎駅は乙川に近接しているにもかかわらず、駅周辺は水辺の気配を感じさせないエリアとなっていましたが、本再整備によって駅から乙川へと導かれるつながりがつくられたポジティブな空間再編がなされたこと。川沿いのテラスによって、市民に愛される乙川の景観に新たな見え方の視点場が加わったことが、川の合流点に開かれた城下町としての岡崎のアイデンティティを強化することにもなること。岡崎市中心市街地と川辺をつないだまちづくり方針に対して、一貫性のある空間整備がなされたことに等に対し、ご評価をいただいています。

人生100年時代を育む、つなぐ都市環境、建築。

東岡崎では、①家康公の遺産（岡崎城、大樹寺、それらを結ぶ都市軸、宿場町、都市計画、東海道等）、②乙川（土手の桜、花火、船、鯉、サイクリン

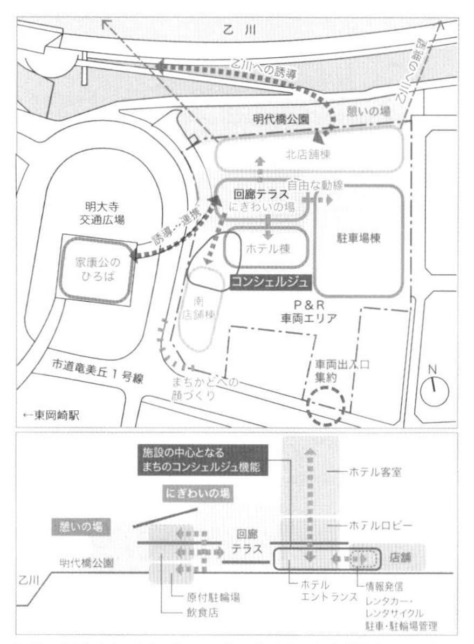

図8　駅と川、川と街をつなぐ施設配置「新世紀ー岡崎の櫓」

グ、通勤通学と各種イベント）、③市のQURUWA戦略（リバーフロントのウォーカブルな街づくり）など、街づくりは400年を経て、さらに未来に向かって着実に進んでいます。歴史を重ねて膠着する部分と再生してゆく部分をいかにコントロールするか。

伝建地区等を擁する他の日本の多くの都市においても同様ですが、駅から離れた古い街は400年を経て今なお生き続け、駅前はおよそ50年で老朽化、新たな脱皮が必要になってきます。木造の街が残り、現代建築の街が先に消えてゆくという逆転現象が起こっているのです。残るものと残らないものの違いは何か。生き残る街には、確かなアイデンティティと子どもから老人まで世代を超えたコミュニケーションが醸成される基盤があります。

このことは「変わらないアイデンティティ」と「常に生成変化する資質」、「世代を超えた交流の必要性」を表しており、100年時代の人生のステージに置き換え学ぶべきところでもあります。

5-6

ライフシフトに対応して都市機能を更新するインフラ

住民とまちと事業者のつながりから考える脱炭素のまちづくり

CASE STUDY：福岡県宗像市「ゼロ・カーボンシティ」宣言

西松建設株式会社　橋本守

図1　ひのさと48（ひのさと48HPより）

脱炭素のまちづくり

環境負荷の少ない社会を実現するためには、住民・まち・事業者が一体となって脱炭素のまちづくりに取り組み、社会を劇的に変えていく必要があります。福岡県宗像市では2021年、二酸化炭素排出量を2050年までに実質ゼロにする「ゼロ・カーボンシティ」の実現を目指す宣言を行い、地域課題の解決やまちの魅力向上につながる取り組みの検討を進めています。

市民や事業者と協業する

宗像市の脱炭素の取組みは、市民や事業者と協働で進めていることに特徴があります。宗像市が進める取り組みは主に以下の3点です。

①脱炭素で団地再生

市は、まちびらきから半世紀が経過し、人口減少や住民の高齢化、住宅の老朽化といった課題を抱える住宅地である、「日の里地区」の再生に取り組んでいます。再生の象徴となっている、かつてのUR集合住宅をリノベーションした生活利便施設「ひのさと48」は、ビール工房やカフェ等が新たなコミュニティづくりの場となっています（図1）。

同施設の運営事業者である、東邦レオ（株）、西部ガス（株）と宗像市は、「『ゼロカーボンシティ』

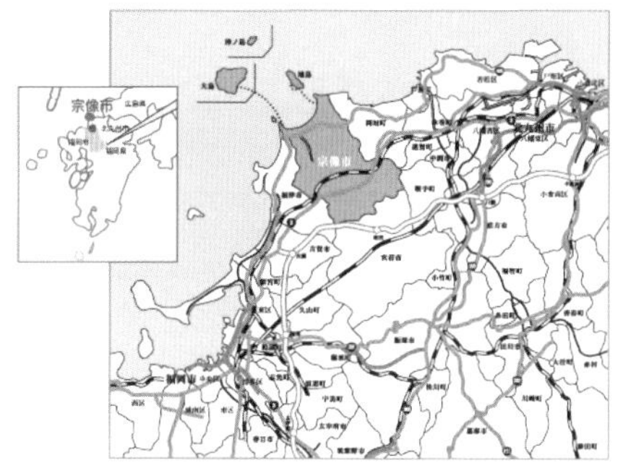

図2　福岡県宗像市位置図(宗像市HPより)

図4　道の駅むなかた

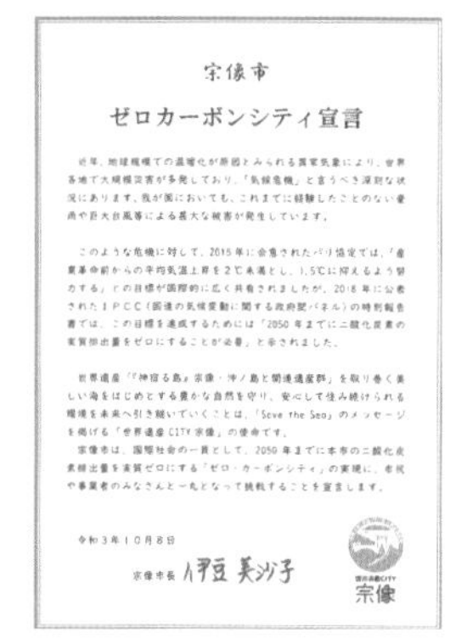

宗像市

ゼロカーボンシティ宣言

近年、地球規模での温暖化が原因とみられる異常気象により、世界各地で大規模災害が多発しており、「気候危機」と言うべき深刻な状況にあります。我が国においても、これまでに経験したことのない豪雨や巨大台風等による甚大な被害が発生しています。

このような危機に対して、2015年に合意されたパリ協定では、「産業革命前からの平均気温上昇を2℃未満とし、1.5℃に抑えるよう努力する」との目標が国際的に広く共有されましたが、2018年に公表されたIPCC(国連の気候変動に関する政府間パネル)の特別報告書では、この目標を達成するためには「2050年までに二酸化炭素の実質排出量をゼロにすることが必要」と示されました。

世界遺産「『神宿る島』宗像・沖ノ島と関連遺産群」を取り巻く美しい海をはじめとする豊かな自然を守り、安心して住み続けられる環境を未来へ引き継いでいくことは、「Save the Sea」のメッセージを掲げる「世界遺産CITY宗像」の使命です。

宗像市は、国際社会の一員として、2050年までに本市の二酸化炭素排出量を実質ゼロにする「ゼロ・カーボンシティ」の実現に、市民や事業者のみなさんと一丸となって挑戦することを宣言します。

令和3年10月8日

宗像市長　伊豆 美沙子

世界遺産CITY
宗像

図3　宗像市ゼロカーボンシティ宣言(宗像市HPより)

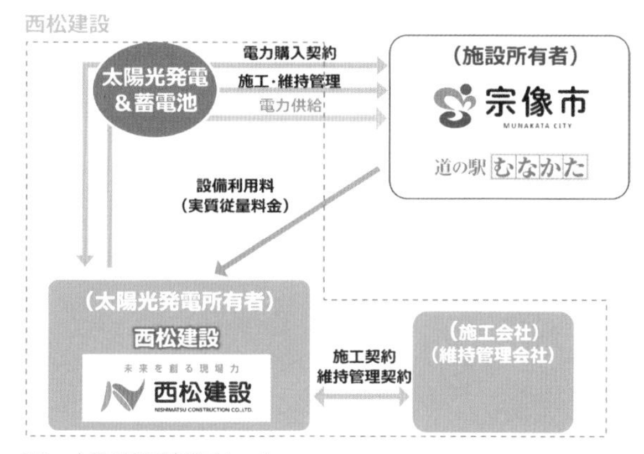

図5　太陽光発電事業スキーム

の実現に向けた連携協定」を締結しました。ビール工房やカフェから出る生ゴミを活用し、「野菜の栽培」や近隣の小、中学校と連携した「学習機会の提供」に取り組み、脱炭素で創出する新たな地域価値に注目が集まっています。

②道の駅むなかたでの太陽光発電事業(PPA)

宗像市は、[道の駅むなかた](図4)において再生可能エネルギーの積極利用による市民や来場者への啓発を目的に、太陽光発電設備を導入しました。事業者である西松建設(株)が[道の駅むなかた]の屋根を借り、太陽光発電の第三者所有モデル(PPA)で太陽光発電設備を設置、発電した電気を当該施設で使うことで、CO_2排出量の削減に貢献します(図5)。[道の駅むなかた]は年間170万人程度の来場者があるため、施設内に設置したモニターに太陽光発電状況を表示・可視化(図6)することで、その啓発効果をより大きくできると考えています。[道の駅むなかた]で、脱炭素社会を目指すまちとしての発信拠点を目指します。

③宗像市バイオマス産業都市構想

2015年に宗像市は、地域の未利用資源(バイオマス)を利用したグリーン産業の創出と、再生可能エネルギーを活用した災害に強いまちづくりを推進する「宗像市バイオマス産業都市構想」を策定しました(図7)。2016(平成28)年から、宗

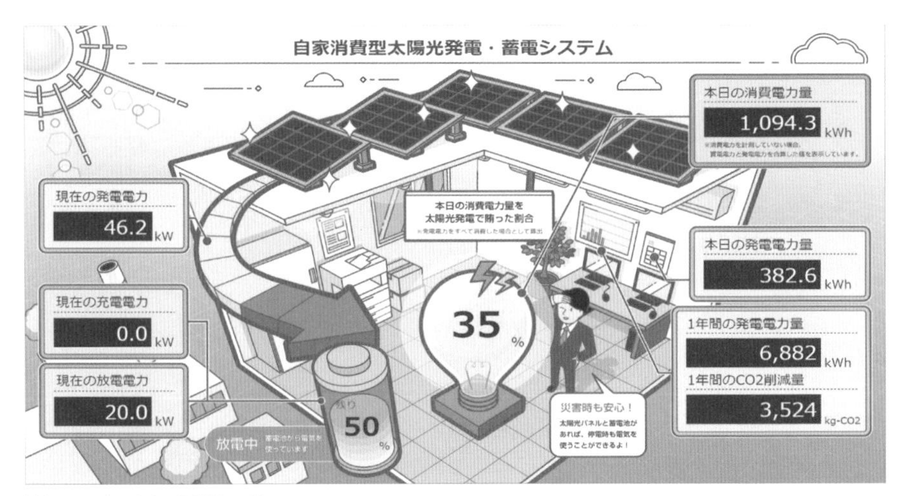

図6　モニターによる可視化の例

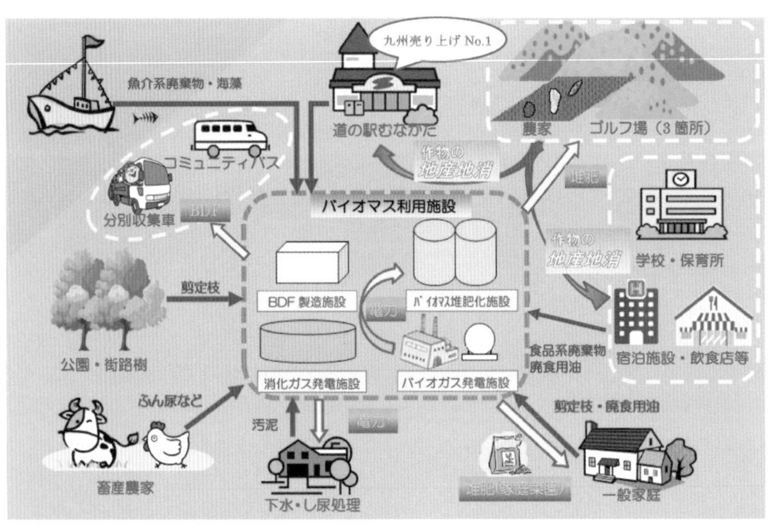

図7　宗像市バイオマス発電都市構想

図8　宗像終末処理場バイオガス発電システム

像終末処理場では、下水を処理する過程で発生する消化ガスと呼ばれるメタンガスを燃料とした発電を開始しています。消化ガスは地球環境にやさしい再生可能エネルギー（バイオガス）です。発電した電気は［宗像終末処理場］を動かす電気として使用され、電気代の削減やCO_2排出量の削減に努めています（図8、9）。

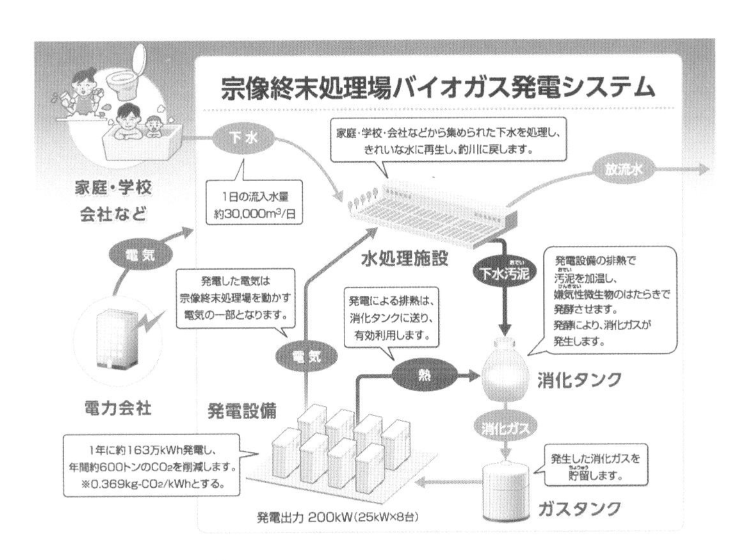

図9　バイオガス発電設備

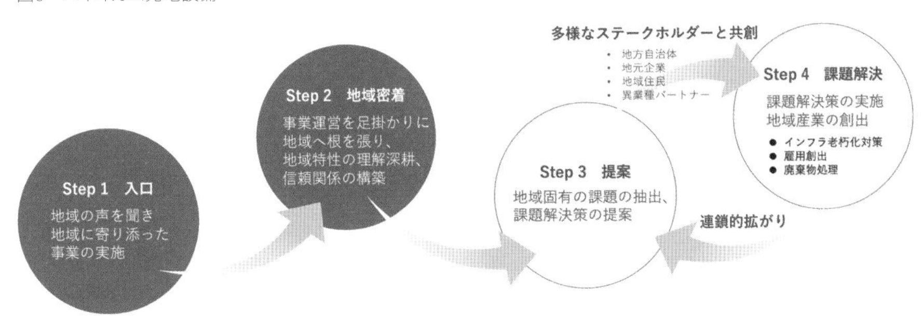

図10　西松建設が目指す地域の発展シナリオ

2050年脱炭素の実現に向けて

2015年のCOP21(国連気候変動枠組条約第21回締約国会議)において「パリ協定」が採択され、今世紀後半には世界全体で、人間活動による温室効果ガス排出量を実質的にゼロにし、世界の平均気温の上昇を1.5℃に抑えることなどが合意されました。脱炭素にいち早く舵を切った宗像市ですが、市も過去30年間で気温が約1.0℃上昇しており、待ったなしの状況です。

「脱炭素のまちづくり」はまだ始まったばかりです。2021年に改正地球温暖化対策推進法が施行され、地方自治体における取り組みも求められてはいるものの、当然ながら脱炭素社会の実現は行政だけの力ではなしえません。人々が当たり前に安心でき、活力がわく地域やコミュニティを描きながら、市民や民間事業者と継続的に歩みを進める努力が不可欠なのです(図10)。

参考文献

・宗像市「第2次宗像市環境基本計画中間見直し」(令和5年3月)
・宗像市「第2次宗像市総合計画基本構想」

5-7 都市生活のオルタナティブを構想するインフラ

都市生活を見直し再構築する、持続的生活の実験場

CASE STUDY：石川県珠洲市「現代集落」｜東京工業大学　菅野俊暢

図1　集落の営みがめぐりつながるシステムを作り、様々な角度から集落全体の循環を生み出している　図版提供：(株)ゲンダイシュウラク

本稿は令和6年能登半島地震の発生以前に行った取材をもとに執筆したものです。関係者の皆様のご了解のもとで掲載させていただいております。一刻も早い復興を切に願っております。

現代の都市生活から豊かな暮らしを考え直す

現代の多くの人が、「生産」から切り離された都市生活を営んでいます。いま食べているもの、着ているもの、使用しているエネルギーは、私たちの目の届かないところで誰かの手によって作られていて、私たちは自分たちがコントロールできない多くのものを消費しながら生活をしています。このため、何かのきっかけで生活の基盤が揺らいだときに、私たちは現代の都市生活が抱える脆弱性に直面します。例えば都市で大災害が起きたとき、深刻な経済恐慌が起きたとき、疫病が大流行したとき、私たちは自分の力だけで日常生活を立て直すことができません。

いま、石川県珠洲市で、このような現代の都市生活を取り巻く状況を省み、自然や風土との関係性をもとに、「豊かな暮らし」を真剣に考えなおす取組みが始まっています。持続可能な都市生活のオルタナティブを模索する試み、それが「現代集落」です。

図2　中心拠点のすぐ隣にある畑　写真提供：(株)ゲンダイシュウラク

図3　ソーラーパネルの設置と架台づくり　写真提供：(株)ゲンダイシュウラク

図4　住宅の離れの景観を活かしたワーキングスペースとしての活用事例　写真提供：(株)ゲンダイシュウラク

自給自足できる生活インフラを作り出す現代集落

［現代集落］は、現代の都市生活を基軸としながらも、様々なプロジェクトを通して、水や電気、食などの身の回りの生活基盤を自給自足できる環境に作り変える集落全域を対象とした取り組みです（図1）。例えば、環境に負荷をかけずに食物を自給・循環させる方法を模索する「畑と食プロジェクト」（図2）やエネルギーのオフグリットを目指す「エネルギープロジェクト」（図3）などの活動が同時並行的に進められています。また、集落に残る空き家を利用した、拠点づくりや宿泊所の開設も進行しています（図4、7）。これらの活動の特徴の一つが、先進技術やテクノロジーを積極的に活用して、現代の都市生活の豊かさもできる限り継続させることを目標としていることです。集落が有している地域資源と人のつながりを活かしながら、自然環境を奪わずとも快適に暮らし続けられる、人生100年時代の新しい都市生活のあり方を探求しているのです。

図5　現代集落が位置する石川県珠洲市真浦町は山と海に囲まれた自然豊かな場所

現代集落の活動を支える真浦町に根付く「つながり」

[現代集落] を手掛けるのが、株式会社「こみんぐる」です。「こみんぐる」は、金沢市で一棟貸切宿運営「旅音」や、企業と連携した合宿型研修プログラム「workit」などを手掛ける石川県の事業者です。「こみんぐる」が「現代集落」の舞台として選んだのが、石川県珠洲市真浦町でした。珠洲市は本州で最も人口の少ない市で、真浦町には50人ほどの人しか暮らしていません。「限界集落」と呼ばれる町は、確かに多くの生活上の不便を抱えています。しかし、彼らには真浦町の雄大な山と海、そしてこの場所で暮らす人々の生活のあり様が[現代集落]として映ったのです（図5、6）。

真浦町の暮らしに色濃く根付いているものが、人と人、人と自然のつながりです。「自分たちで作れるものはなんでも自分たちで作る。それ以外に必要なものがある時は、野菜でも魚でも、隣の人が分けてくれる。だから、ほとんどお金はいらない」。生産と消費が切り離された現代の都市生活に疑問を持ったからこそ、真浦町に根付く人と自然のつながりや互助の精神が大きな魅力となりました。

図6　真浦町から望む夕日　写真提供：(株)ゲンダイシュウラク

図7　空き家を改良して生まれた現代集落の中心拠点　写真提供：(株)ゲンダイシュウラク

100年後の豊かな暮らしを試行錯誤する実験場

［現代集落］の取り組みは、多様な人のつながりとコミュニケーションから生み出されています。この舞台となっているのが、オンラインサロン「現代集落LAB」です。「現代集落LAB」は、真浦町での活動のオンラインフィールドとして、建築家、ランドスケープデザイナー、学生が、様々なアイデアや情報を共有し、チャレンジを膨らませる場所です。新しい都市生活を作り出すためには何が必要か、どんな取り組みによって実現できるのか、暮らしのアイデアをコミュニティで出し合うことで、生活づくりのプロセスの中で現代の豊かな生活について改めて考え直すことが実現されています。

［現代集落］は、現代の生活に慣れ親しんだ私たちに、新しい自律的な生活基盤を問いかける、いわば生活の実験場だといえます。そしてこの実験場での試行錯誤が、次の世代の新たな都市生活の提案につながります。都市と農村の資源、考え方、価値観をかけ合わせながら、自然と社会の双方にとっての持続的な形を集落単位で模索することこそが、人生100年時代の豊かな都市生活のオルタナティブの構想へとつながるでしょう。

奥能登・真浦集落復興のため、株式会社ゲンダイシュウラクへの寄付のご協力をお願いいたします。

5-8 都市生活のオルタナティブを構想するインフラ
森林と共に循環する持続可能な地方都市のデザイン

CASE STUDY :LOOP50 建設構想 | 株式会社大林組

図1 [LOOP50]と人々の暮らし

森と共に循環する街

日本の国土のおよそ7割は森林であり、その面積は2500万haに及んでいます。戦後、復興事業などで木材需要が急増し、木を伐採しすぎ、禿山が目立つようになりました。植林により人工林の増大を図ったものの、その成長を待つ間に外材の輸入を始めたため国産材の需要が低下。国内林業は衰退し森林は十分な手入れがされず、現在では広大ながら荒廃が目立つ森林が放置されることになりました。一方で、森林を保有する地域の多くで高齢化・少子化が進んでおり、限界集落化という危機に瀕しています。

“植栽、伐採、活用という循環を適切に行うことで、日本の豊かな森林資源を最大限活用しながら、持続可能性と魅力ある暮らしが両立する未来の姿を描きたい。”

[LOOP50]は、そんな想いから構想された中山間地域の街の提案であり、脱炭素と循環経済の実現を目指す社会への一つの回答です。

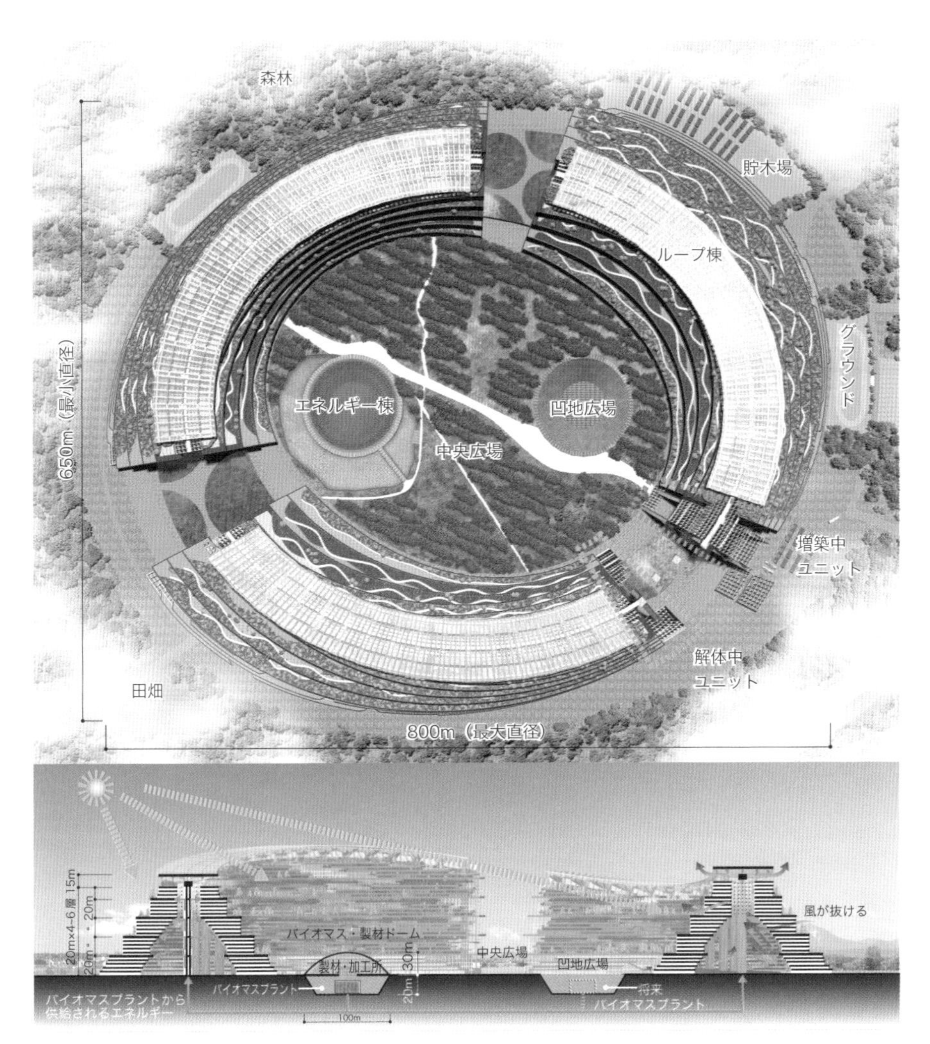

図2　平面図・断面図

永遠に循環する建物

豊かな森林資源を最大限活用するには、建築物として大量の木材を有効利用することが効果的です。[LOOP50]では、所有する森林の木の成長に合わせて伐採し、伐採した木材量に応じた街の建物をつくります（図2）。

[LOOP50]の建物は、街のメインである円環状のループ棟と、中央のエネルギー棟で構成されます。ループ棟の低層部には公共施設や教育機関、医療機関、ショッピングセンターなどが入り、高層部は1万5000人（5500世帯）が暮らす居住エリアとなります。エネルギー棟は高さ30m、直径100mの木造ドームの大空間にバイオマスプラントが設置され、式年遷宮のように二ヶ所の用地間を50年ごとに移動・更新していきます（図3）。

ループ棟は50年をかけて成長させた木により、毎年1ユニット（図4）を増築します。同時に、建

図3　中央広場とエネルギー棟(バイオマスプラント)

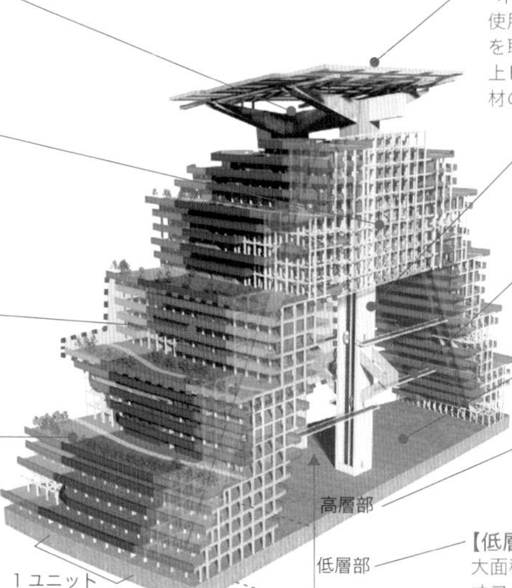

図4　ユニットの構造

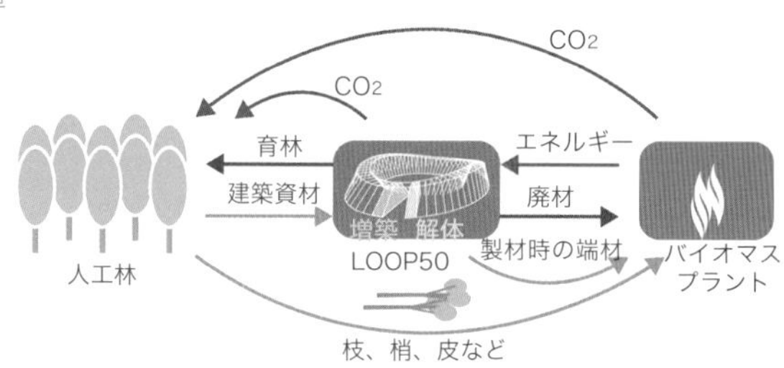

図5　循環フロー

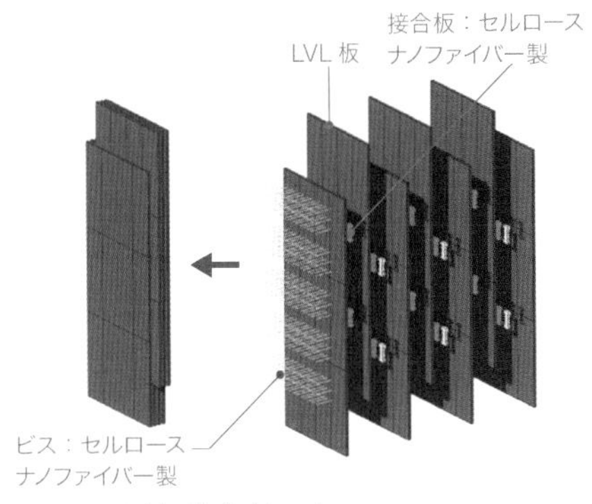

図6　つづり材の構成イメージ

図7　内観パース

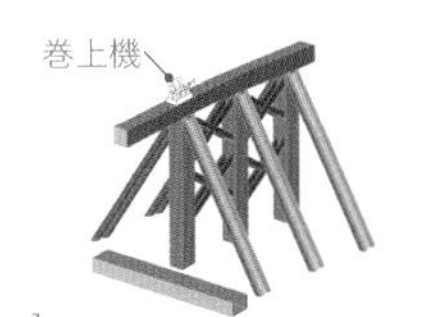

1.
心柱を、梁上に設置した移動式巻上機の下部にセットする

2.
巻上機を使って心柱を吊り上げ、建て起す。巻上機に心柱の全重量がかからないよう、心柱の脚部は台車に載せる。巻上機を梁先端の所定の位置まで移動させながら、心柱を吊り上げ、建て起こし、梁に接合する

3.
建て起こした心柱の両サイドに、メガブレースをセットする

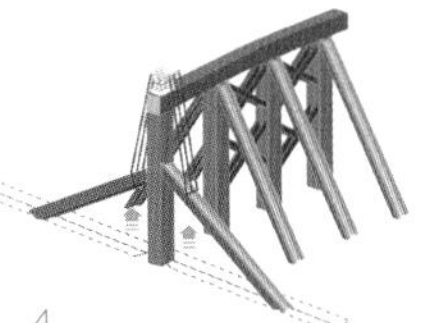

4.
心柱の側面をガイドとして、巻上機を使って２本のメガブレースを同時に吊り上げて、建て起こし心柱に接合する

5.
住居ブロックを地上部で連結し、地組する

6.
連結した住居ブロックを、メガブレースをガイドとして巻上機を使って引き上げ、心柱およびメガブレースに固定する

図8　施工方法

築後50年経過して建物としての役目を終えた1ユニットを解体し、廃材をエネルギー棟のエネルギー源として活用します。この、木・建物・エネルギーのサイクルが永遠に続いていくことから、この構想は［LOOP50］と名付けられました（図5）。

最大高さ120mのループ棟の超高層と大スパン架構を実現するために、LVL（単板積層材：Laminated Veneer Lumber）を、ビスやつづり材で接合する「オメガウッド工法」で一体化させ、大断面を形成します（図6）。ビスには、近い将来に普及・量産が期待されている鋼鉄より軽くて強い植物繊維由来の素材であるセルロースナノファイバーを使用するほか、建物の開口部には、ガラスの代わりに断熱性能を併せ持つ木質系光透過素

図9 ［LOOP50］全景

材を使用します。このような最先端素材を使用することにより、100%森林から得られた素材のみで街を形作ることが可能となります。

毎年ループ棟の1ユニットを増築・解体するので、常に生活空間のそばで工事が行われます。そのため、人々の生活を圧迫しないような施工方法を検討しました。しかし、ユニットを支える心柱は最長120m。内部はエレベーターや階段、配管スペースなどに使用するために空洞であるとはいえ、最大2500トンもあります（図7）。この重量の心柱を起こすためには通常巨大なクレーンが必要ですが、ここでは移動式の巻上機で揚重を行います。また心柱を支える2本のメガブレースも同様に巻上機で2本同時に吊り上げ、心柱の頂部に接合します。住居ブロックの周辺フレームは、ある程度のボリュームまで地上部で連結地組みし、メガブレースに沿わせて巻上機で引き揚げて固定します。こうした工夫により、大きな重機を使わずにコンパクトなスペースで工事が可能となるため、騒音や人々の工事への心理的な負担を抑えながら、安全に建物を更新していくことができるのです（図8）。

森林とともにある新しい暮らし

森林を所有する地域の多くが、人口減少と高齢化の進展、インフラや集落機能維持の困難といった問題を抱える一方で、情報技術の発達により、

人々は場所を選ばずに働けるようになってきています。人生100年時代では、自らが使うエネルギーや建築材料が森と共にあることを実感しながら、豊かな自然の傍で持続可能な暮らしをすることが、価値ある選択の一つとなるでしょう。

森林は経済的価値だけでなく、土砂災害防止や土壌保全、水源涵養のような公益的な機能があります。それに加え、生物多様性の保全、温室効果ガスを吸収・固定して温暖化を防止する地球環境保全、気候緩和や大気浄化などの快適環境の形成、保健・レクリエーションなど、人の心身と暮らしを豊かにする様々な機能も持っています。

ループ棟では、毎年どこかのユニットで増築・解体が行われます。象徴的存在の心柱を建てる際には「立柱式」、解体する際には、エネルギー棟まで運ぶ「倒柱式」が住民参加で街をあげて行われ、森の恵みに感謝する機会となるでしょう。木を中心としたコミュニティの活性化は、地域への愛着を生み、人的ネットワークは安全安心な地域の再生につながっていきます。

[LOOP50]は、森林の循環を適切に管理するからこそ実現できる、森林と人が相互に恩恵を受けながら続いていく、新しい自然との共生の在り方なのです。また同時に、人生100年時代の新たな街の提案であり、そして新たな生き方の選択と言えるのではないでしょうか。

人生の豊かさと都市デザイン

東京工業大学　坂村 圭

ここでは、「人生の豊かさ」とはどのようなものであるかを、あらためて振り返ってみたいと思います。図1は、著者陣を中心に開催したワークショップをもとに、これまでに「人生の豊かさ」を感じた瞬間を取りまとめたものです。この結果を概観していただければわかるように、私たちが豊かさを感じるモノ、コト、瞬間は、多種多様な広がりをもちます。

例えば、豊かさには、一人でいるからこそ感じ取れるものもあれば、誰かと一緒でなければ感じ取ることができないものがあります。また、頭で理解して実感できる豊かさもあれば、身体的にしか理解できない豊かさもあります。さらに、瞬間的にしか感じ取れない豊かさもあれば、あとから時間をかけてじわじわと実感される豊かさもあります。

このなかでも、人生100年時代の都市デザインを考えるうえで重要な性質の一つが、豊かだと感じるものがライフステージの進展に応じて変化していくことだと思われます。私たちは、自分が子どもの時に豊かだと思った経験を、大人になってあらためて行った際に、それでも豊かだと感じ続けられるかどうかはわかりません。豊かさの経験は、個人の感覚と価値判断に左右され、それは身体的な成長や精神的な変化によってゆらぎ変化するものです。ここからも、固定的で画一的な機能しか持ちえない都市インフラは、人生100年時代との相性があまり良くないことが窺えるでしょう。

ただし、豊かさの経験が人によって全く異なるもので、ばらばらに点在しているかというと、そんなこともありません。少なくとも、私たちはワークショップの中で豊かさを議論し、他者と共有、共感することができました。豊かさの経験には、通底する中心的ないくつかの要素があり、それらは人間の身体的、精神的な健康状態をベースに、同じ都市空間、社会、時代を共有することで形作られていくように思われます。このように、豊かさの中心的な意味を話し合い、探求し、都市デザインに反映していくことが、人生100年時代にますます求められることとなるでしょう。

豊かさとはどのようなものか

1. 日常を振り返るときに感じる豊かさ
何かをした瞬間だけでなく、何かの経験を振り返った時に、豊かさが感じ取られることがある。当たり前だと思っていたことも、その経験を顧みたときに豊かだと感じることができる。

2. 非日常性から感じる豊かさ
日常生活では味わえない経験をした時に、豊かさを感じることがある。非日常性は、普段行わないことを実施する場合や、通常とは異なる場所や相手と経験を共有するときにもたらされる。

3. 心のゆとりから感じ取られる豊かさ
心にゆとりがあるときや時間に余裕がある時には、普段は見過ごしてしまっている周囲の状況に目を向けることができる。差し迫った予定がない状況をつくることが、日常に潜む豊かさを感じとるきっかけになる。

4. 自由であることで感じる豊かさ
自分のリズムとペースで自由にモノゴトを実施できることに豊かさを感じる。ここでいう自由とは、誰にも強制されずに能動的に何かに取り組むことができる状況を指している。

5. 目的達成や成長の実感から感じる豊かさ
何かを成し遂げた時や自分の成長を実感した時に、豊かさを感じる。この時の一番の関心は、自身の変化である。集中することや没頭することは豊かさと密接にかかわっている。

6. 他者の存在から感じる豊かさ
他者の存在が共感や承認のもととなり豊かさを与えることがある。この他者は誰でもいいわけではなく、心理的安定をもたらす人、共通の目的を持っている人、自分を理解してくれる人、信頼をおける人などが該当する。

7. 社会とのかかわりから享受される豊かさ
私たちは社会の一員として、お互いに支え合い生活をしている。このため、周りの人が豊かになることで、自らも豊かさを感じることがあるし、その逆も起こり得る。

8. 楽しいことから感じる豊かさ
楽しむことと豊かさは直接的に結びついている。楽しむことは能動的で積極的な活動を促進する。この結果として、学びやコミュニケーションが引き起こされることもある。

9. 身体で感じ取る豊かさ
豊かさの知覚は、頭で理解するものだけでなく、身体を介した触覚的な理解によるものがある。豊かさは、言語だけでなく、身体的接触や自然とのふれあい、アートなどからも引き起こされる可能性がある。

10. 自然に囲まれている時に感じる豊かさ
自然の恵みを全身で感じとる時に豊かさを実感する。日光、風、水の音、土の匂いなど、周囲の自然と自分が一体となったような感覚が豊かさを呼び起こす。

図1　ワークショップの結果から考えた「豊かさ」の拡がり

2部

人生100年時代の都市を考える視点

6-1 人生100年時代のまちづくりルール
― 官民関係に焦点をあてながら

東京工業大学　中井検裕

官民関係の見直しの必要性

これまで本書では、人生100年時代の到来に向けて人生の変化を後押しし、より豊かなライフシーンの創出を促すような社会基盤をソーシャルインフラストラクチャーと呼び、そうしたソーシャルインフラストラクチャーに係る様々な萌芽的で先進的な動きを、2章から5章の4つの視点から紹介してきた。

これらの事例には、既に従来から一般的に「まちづくり」と呼ばれている活動のレベルに達しているものもあれば、文字通り萌芽的なものや提言、実験に近いようなものまで、様々なレベルのものが含まれている。そして、今は提言や実験に留まっているものも、近い将来には、人生100年時代ならではの新たなまちづくりの試みとして位置付けられるようになることは、ほぼまちがいないだろう。したがって現時点で重要なことは、今はまだ散発的なこうした試みを、まずは広く社会的に認知してもらうこと、そして人生100年時代の大きな潮流として普及させていくことである。

一方で、こうした試みがより一般的に観察されるようになった際に、これまで行われてきた伝統的な都市計画やインフラ整備の考え方に対して、どのような影響があるのだろうか。

これまで少なくともわが国では、伝統的な都市計画やインフラ整備は基本的には官の役割であり、その多くは大きな公共性にもとづくものだった。一方で本書の事例はそのほとんどが民による試みであって、しかも、既に述べられているように、1つ1つは「内発的で小さな変化」＝マイクロ・イニシアチブである。本書はそれらを積み重ねることで、人生100年時代の新たな都市デザインの外形を描き出そうとするものだが、現時点ではまだ曖昧な輪郭しかもたない「外形」が、事例を積み重ねることによってもう少し焦点がクリアになった際に、これまで官が担ってきた、例えば人々の生命と財産に直結する防災のような伝統的に大きな公共性を有している領域と、どのように棲み分けがなされるべきなのだろうか。

もちろん、ここで取り上げられているような事例はそのほとんどが民間レベルでの試みなのだから、大きな公共性を代表している官の世界には立ち入らず、民間はそれを邪魔しない範囲でのみ活動するという棲み分けも理論的には可能である。しかし、そうした棲み分けは以下に述べるように、もはや成立可能でなくなってきているように思われる。

第1には、官もまちがうことがあるということである。もともと官がインフラの建設を担ってきたのは、1つには主体の特性として、長期的な予測にもとづいた計画的な判断を得意としているからである。しかし、社会の変化の方向が一定で将来の予測が容易だった高度成長期と異なり、現代社会は変化が極めて激しく、不確実性が以前とは比較にならないくらい大きい。したがって、官の判断が常に正しいというのは既に幻想であって、官も誤る可能性が、かつてよりは大きくなっている状況にある。

第2には、人口減少が顕在化することによって国や多くの自治体では、財政的にも大きな問題を抱えており、そういった地域で官にこれまでと同様の大きな公共性の全てを担えるかというと、それも疑問である。そもそもわが国のインフラの多くはかなりの程度に老朽化が進行しており、その維持管理で官は手一杯となり、新規の投資が難しいことが指摘されている[注1)]。官だけで大きな公共性を担おうとしても、もう限界なのである。

結論的に言えば、人生100年時代の到来は、官民関係の見直しと再編を伴わざるを得ないのである。そしてその見直しを考えることは、本書が採用しているボトムアップ型のアプローチと従来型のトップダウン型のアプローチを接合しようとする試みの一環でもある。

まちづくりのルールと官民関係

本書で取り上げられている事例には、いくつかの共通点がある。例えば、官民で言えば民が主体的に行動していること、基本的には非常に自由な発想に基づいて発意されていること、いずれも量的な豊かさよりも質的な豊かさを追求していることなどである。こうした特徴は、人生100年時代のまちづくりに欠かせない多様な価値観にもとづく選択肢の広がりを許容し、人々のニーズにより細かく対応することを可能とするものである。

しかし、自由な発想に基づいたものだからといって、何でも自由でよいということではない。各主体が思い思いに、好き勝手に意思決定し、行動してしまうと、まちづくりはうまくいかないだろう。まちづくりは結局は1人ではできず、何らかの形で、複数の主体による集団的意思決定が必要とされている。しかも、ここで議論しているようなまちづくりの多くは物的な空間環境の改善を意図したものであるから、集団的意思決定もそれに対応したエリアの範囲内でなされることが少なくない。

一方で、人生100年時代として本書が主張しているような価値観の多様化は、一般的には集団的意思決定をより困難にさせる。価値観の多様化と集団的意思決定は、どのようにバランスさせればいいのだろうか。これらを両立させるような手立てとして、どのようなことが考えられるだろうか。

いかなるまちづくりにおいても、複数の主体による合意形成と、明文化されているかいないかにかかわらず、その結果であるまちづくりの取り決め＝ルールの存在が重要であることは疑うまでもない。まちづくりのルールとは、まさに本書で述べられているようなソーシャルインフラの1つに他ならないが、ここでは官民の役割分担を基軸に、まちづくりルールの組成について考えてみたい。

まず、伝統的な都市計画の分類に従って、まちづくりのルールを大きく2つに分けてみよう。1つは土地利用に関するルール、もう1つは都市施設に関するルールである。前者は典型的にはゾーニングなどが考えられるが、主に民間による土地利用を公共がコントロールすることを目的としたルールである。後者は基本的には公共が整備し、所有・管理する公共施設のためのルールである。

土地利用系のまちづくりルールにおける官民の役割分担

まちづくりルールについて、もっとも素朴で単純な官民の役割分担を、基本ケースと呼ぶことにしよう。すると、土地利用系のまちづくりルールの場合には、基本ケースは、官がルールを提案・設定し、民間はそうして作られたルールに従って行動するというものである。都市計画法や建築基準法などの法律にもとづくまちづくりルールの多くはこれにあたる。特に構造物としての建築の安全基準を定めた基準法単体規定などの技術的ルールは、ほとんどがこのパターンにあたると言ってもいいだろう。

しかし、現代ではこうした素朴で単純な関係だけでなく、様々に工夫された官民関係にもとづくまちづくりルールが開発されている。例えば、都市計画では2002年に創設された提案制度というのがある。これは、地権者や地域のNPO団体が一定の合意を得た上で、既存の都市計画に代わる新たなルールを行政に提案し、行政はその適否を判断するというものであり、最近では特に大都市の大型再開発事業において、地権者である民間事業者がまちづくりのルールとして、地区計画の再開発等促進区や都市計画特別区域の提案に使われることが多くなっている。実際には民間からの提案以前に、民間と行政が十分に協議を重ね、双方合意の着地点として民間提案が行われるのが通例であり、この意味では官民双方の協議によるまちづくりルールの組成ともいえよう。

また、純粋に民間によってルールの案が作成され、決めるのも民間という場合もある。いわゆる民民のまちづくりルールというものであり、法律的には「契約」ということになるが、まちづくりの世界では、「協定」「申し合わせ」など様々に呼ばれている。本質は契約であるから、ルールの成立には一般的には当事者の同意が必要である。ただし、同意にもとづくといっても、全員の同意は必要ない場合もあれば、逆に、当事者全員の同意に留まらず、当初の締結者から所有者が変わっても効果が継続する、言い換えれば、将来の所有者をも拘束するような場合もある。法律上は「承継効」と呼ばれるこうした効果をもたせる場合には、一般的には法律による裏付けが必要となるが、いずれにせよ、民民のルールの場合は、どれだけ拘束性を持たせるかなどに対応して、ルールを設計する自由度も、それだけ高い。

都市施設系のまちづくりルールにおける官民の役割分担

一方、都市施設系のまちづくりルールにおける基本ケースの役割分担は、一言で言えば、施設として決められた線の内側が官、外側は民ということになる。この役割分担は、伝統的にはかなりの程度に厳格であり、道路にしろ公園にしろ河川にしろ、それぞれ一旦公共施設として定められると、その区域内に民が関与することは基本的には非常に難しかった。しかし、こちらも土地利用系のまちづくりルールと同様に、近年では官の領域(=線の内側)への民の進出が進行してきている。

突破口となったのは、PFIだろう。PFIはもともと1990年代に英国で始まった試みであり、公共施設の整備や維持管理に民間の資金を有効に使う仕組みである。わが国では1999年のPFI法の制定によって事業が可能となり、以来、2017年度まで全国で666の事業実績がある。その多くは庁舎などのいわゆる公共建築であり、道路や公園といった伝統的なインフラについては、実績はまだまだこれからという状況であるが、公園については、公園そのものの整備ではなく、公園内のカフェなどの施設を民間で建設・維持管理するPARK-PFIと呼ばれる仕組みが、2017年の都市緑地法の改正によって導入された。こちらは既に2022年度末までに131か所(うち63か所で供用開始済み)の実績があり、これに活用検討中を加えると263か所にも上る[注2)]。基本ケースにおいては、都市施設の区域内では、官が利用を独占し、例外的に占用許可を得ることで民も期間を限って利用することが認められていたが、PARK-PFIは、公園区域内においてこれを大幅に規制緩和し、民に門戸を開いたものと位置付けられる。

また、こうした占用許可の緩和は、道路区域でも河川区域でもかなりの程度に進行している。道路については、都市再生特別措置法による緩和(2011年)、国家戦略特区による緩和(2013年)、中心市街地活性化法による緩和(2014年)、道路協力団体を対象とした緩和(2016年)、歩行者利便増進道路制度による緩和(2020年)など近年は毎年のように緩和が行われており、対象施設も屋外広告、看板、ベンチ、食事施設、購買施設、イベントなど多岐に渡っている[注3)]。河川については、道路と比較すると水害対策との関係でより基準が厳しかったが、それでも官民協働の試みとしてのミズベリング事業などを通じて、カフェの設置やイベントなどが行われるようになってきた。

このように、官民の役割分担の境界線そのものがなくなったわけではないが、従来の境界線を越えた役割分担の再編が進んでいるのである。

共通する特徴としての官の縮小と民の拡大

土地利用系のルール、都市施設系のルールのいずれにも共通している近年の特徴は、伝統的には官が独占していた領域の縮小と、それを補完するものとしての民によるルールへの積極的関与の拡大である。土地利用については、ルール案の作成と決定のいずれにも民が積極的に関与することによって、より柔軟なルール設定の展開が可能になってきており、都市施設については、従来極めて明確であった官と民の境界が、現代では急速に曖昧になってきている。まちづくりルールにおける官民関係の再編は、既に始まっているのである。

こうした官の縮小と民の拡大という状況は、結果として、官の資源を、官でなければできない、大きな公共性を実現する領域へと集中させることにも繋がることから、基本的には望ましい状況と考えられる。他方、こうした状況を踏まえた上で、先に述べたような今後登場が予想される人生100年時代を豊かなものとするまちづくりのルールには、どのような条件がふさわしいのだろうか。そうしたルールは基本的には民間によって決められるまちづくりルールであろうという前提で、その条件を一言で述べると、それは「自発性」と「自律性」の2つに集約されるのではないかと思っている。

自発性：エリアマネジメントの経験から

官の縮小と民の拡大を最も端的に表している例は、今のところ、おそらく民間によるエリアマネジメントの試みであると思う。エリアマネジメントは土地利用系のまちづくりでいうならば、民民のルールを中核としている。したがって、拘束性も緩やかであるし、その分だけ自由度も高い。そして都市施設系のまちづくりについては、道路や公園の占用許可を駆使しながら、自らの活動の持続性を高めている。

本書の事例にも、明示的かどうかに関わらず、エリアマネジメントと呼ぶことができる事例が少なからず含まれているが、筆者が以前、民間によるエリアマネジメントに共通する重要な要素の1つとしてとして指摘したものが、「自発性」である[注4)]。自発性とは、言うまでもなく、他者から指示されて実行しているのではなく、自らすすんで実行しているということである。そして、なぜエリアマネジメントのような民間によるまちづくりで自発性が重要かというと、そのことによって行政によるまちづくりではありがちな平等の原則から解放され、例えばある地域だけを他の地域と異なって特別に優遇するといったことが可能になるからだと論じた。強制されたものではなく自ら進んで実行しているからこそ、行政が関与するまちづくりに通底する公平の原則とは一線を画し、多様性に対応した地域固有の価値の追求が可能になるのである。

既に述べたように、人生100年時代のまちづくりには、多様な価値観にもとづく選択肢の広がりが必要であり、まちづくりルールの自発性は、これを支持するものとして不可欠の条件であるといえよう。

自律性：田園都市レッチワースの教訓から

自発性と並ぶもう1つのまちづくりルールの条件は、自律性である。自律性とは、自ら自分の行動を制約するルールを作ることができるということであり、より具体的には、営利以外のしばしば広く公共的ともいえる目的のために、民間の本質である営利行為にある種の制限を課すことができるということである。

筆者はかつて、近代都市計画でもっとも初期に表され、もっとも影響力を有したまちづくりの考え方であるエベネザ・ハワードの田園都市論には、現代のエリアマネジメント的な考えが取り入れられていると評したことがある[注5)]。今から125年前の1898年に、近代都市が抱える衛生状況や過密居住の問題を目の当たりにしたハワードは、『明日：真の改革に至る平和的道程』を著し、その中で有名な田園都市論を提唱したが、その後、田園都市の実現のために第一田園都市株式会社(The First Garden City Limited)を設立し、最初の田園都市レッチワースの建設と運営にあたっていった。

第一田園都市株式会社はレッチワースの土地所有者として開発をコントロールしただけでなく、街のインフラである電気やガス、水道を提供し、また道路、公園や緑地の維持・管理など、様々な環境向上の活動を行った。実際、レッチワースにおいては、本来公共団体が提供すべきサービスを、すべて一民間企業である第一田園都市株式会社が提供していたということであり、この意味では、田園都市論は、本稿にも共通する民による民のためのまちづくり論そのものでもあった。

そして、こうしたことを可能にしたのは、通常のように株式会社の事業利益を私人である株主に全て還元するのではなく、株主に配当される利益を定款によって制限し、残りの利益は地域に再投資することで地域の価値を向上させるために用いるとしたことであり、ハワードの先進性はまさにこの点にあった。言い換えればレッチワースの試みの鍵は、定款というまちづくりの道具を通じて、民間によるまちづくりではあるが、自律性が保たれていたことにある。

残念ながら、民が建設・管理運営する都市で

図1　エベネザ・ハワード(1850-1928)出典：The Garden City Collection Study Centre, Letchworth Garden City Heritage Foundation

あったレッチワースは、第2次世界大戦後すぐに電気とガス事業が国有化され、さらに1963年には会社自体が国有化されることになった。これは、一部の大規模株主がハワードの精神に反し、地域ではなく株主の利益を優先する行動に走ったために、それを嫌った個人株主らが政府に国有化を働きかけた結果だった[注6)]。言い換えれば、民間不動産事業としてうまくいきすぎたために、民が営利という本来の牙を剥き始めた状況で自律性は失われ、それを止めるには官に頼らざるを得なかったということである。成長の時代の民による開発圧力は、それほど強かったということでもある。

ハワードは確かに先見的だったけれども、急速な成長の時代にそれを実践しようとしたことは、早すぎた試みだったともいえよう。一方で最初の田園都市の時代から100年がたち、時代は大きく変わってきている。レッチワースから得られる教訓は、民のまちづくりにおいて、自律性をどのようにして保つかである。もともと非営利の団体は別として、民間の実行力の源泉は基本的には営利であって、まちづくりもその例にもれないことは否定しない。読者の中には、もともと営利を目的とする民のまちづくりに対して、自律性を求めること自体に無

図2　最初の田園都市レッチワースの街の記念碑：「エベネザ・ハワードこの街をつくる。1903年」とある

理があるとの意見もあるかもしれない。しかし筆者としては、民の力を、営利以外のものも含めてもう少し積極的に評価したいと思う。問題は、営利とまちづくりの公共性のバランスをどう保つかであって、求められているのはそれを達成する様々な有形・無形の創造的な工夫だと思う。

今後の展開に向けて：参加の重要性

わが国は成長の時代から成熟都市の時代を迎え、世界にも例のない規模での人口減少と、世界で最も早い人生100年時代の実現という2つのチャレンジングな状況に同時に直面しつつある。そうした状況下で、好むと好まざるとにかかわらず、民をこれからの都市づくり、人生100年時代にふさわしいまちづくりの一翼を担うものとして確立していかなければならない。

そのために必要とされていることは、まずは既に述べたように、本書の事例のような試みを広く社会的に認知してもらうこと、そして人生100年時代の大きな潮流として普及させていくことである。そのためには、こうしたまちづくりに対する実践的な参加を推進させていく必要がある。

しかし、参加が必要とされる理由は、民のまちづくりの普及のためだけにとどまらない。本書の事例の1つ1つはマイクロ・イニシアチブであり、まちづくりの単位としてはそう大きくはない。また、必ずしもエリアマネジメントのように一定の空間的範囲を対象としたものではなく、テーマに焦点をあてたようなものもある。本稿では、人生100年時代の民によるまちづくりルールの条件として、自発性、自律性の2点を指摘したが、参加は、これら2つの条件が正しく機能しているかのチェックを通じて、こうしたマイクロ・イニシアチブと大きな公共性を接合させる鍵でもあるのである。

図3　現在でも美しく管理されたレッチワースの街並み

注

1) 国土交通省『国土交通白書2012年版』第1部第2章第1節の6「社会資本の適格な維持管理・更新」
2) 国土交通省資料「公園PFIの実績」https://www.mlit.go.jp/toshi/park/content/001625005.pdf
3) 泉山塁威・宇於﨑勝也（2023）「道路占用許可関連制度の網羅的傾向と変遷からみた緩和規定の特徴及び課題」『日本建築学会計画系論文集』88巻804号、pp.568-579
4) 中井検裕（2015）「エリアマネジメントを発展させるために」小林重敬編著『最新エリアマネジメント：街を運営する民間組織と活動財源』7章1節、学芸出版社
5) 同上
6) 中井検裕（2005）「レッチワース田園都市の財政状況の歴史的変遷の分析」『IBSフェローシップ最終報告書』。会社創立時の定款では株主への配当率は5%に制限されていたが、1956年の株主総会で制限が撤廃され、以降、6%、8%、12%と上昇していった。

6-2 都市環境から考える人生100年時代

東京工業大学　浅輪貴史

都市環境にまつわる私論

ここでは、人生100年時代の都市環境について考えてゆきたい。人生100年時代は、100人いれば100通りのライフシーンがあり、それぞれの人にとっての豊かさがあるといえる。一方で、都市環境は皆で共有するものであり、公共財ないしは共有財である。一人一人の人生の豊かさと都市環境とで、どのような接点や論点があるかを考えたいが、そのきっかけとして、はじめに2つの観点を取り上げたい。まずは筆者の生活者の目線で、身の回りのミクロな都市環境について考えたのが一点目。次は筆者の環境工学の専門家としての目線で、マクロな都市環境について考えたのが2点目である。

最初は筆者の生活者の目線で、身近な問題から考えを巡らせたい(まさに朝方に犬の散歩をしながら、つらつらと考えた)。横浜市にある我が家の目の前には、地区公園(東京ドーム0.8個分の広さ)がある。公園の周りは我が家を含む住宅地のため、日々、子どもからお年寄りまで、多くの人々が利用をしている。雑木林なども残されており、春にはヨコハマヒザクラやソメイヨシノなどの桜も楽しむことができる。私もその一員であり、日々、愛犬の散歩を欠かさないが、良く出会う犬や飼い主とも、何気ない会話をしたり、犬同士がじゃれあったりと楽しんでいる。休日には、時にフリーマーケットや、子ども向けの演芸や演奏会なども行われている。地域の子ども向けのプレイパークもあり、私の子どもも幼少期には毎日遊びに行っていたものである。プレイパークは、雑木林の中に設けられており、夏の暑い日でも大きな木々の木陰の下で、子どもたちや、ときには大人も遊びまわっている。高齢者も、まだ暑くならない時間帯に、その木々の間の空いたスペースで、ターゲットバードゴルフという新しいスポーツを楽しんでいる。ゴミもゼロではないがそれほど見かけず、子どもの遊び場(砂場など)もしっかりと片づけがされているなど、公園自体が良く管理がされていることに気が付く。筆者は10年以上前にこの住宅地に移り住んだが(それまでも、この近隣には居住していた)、それは、このような環境やコミュニティに漠然と興味を持ち、ぜひ子育てのためにも住んでみたいと考えたためである。

以上は、都市環境をミクロに見た場合の身の回りの環境の例と言え、読者の皆さんも多かれ少なかれ、同じような日常を送っているかと思われる。では、公園を皆が快適かつ安全に利用をするとともに、多くの年齢層で多様なアクティビティが展開されているのには、何がうまくいっているのであろうか?

2点目として、視野を広げて都市環境をマクロに見ると、どのようなことが論点になるかを考えたい。ここでは、私の専門領域になるが、“熱環境”を取り上げることとする。よくニュースなどでも耳にする地球温暖化はグローバルスケールの気候変動に伴う現象であるが、都市においても、ヒートアイランド現象による温暖化が起こっている。これを都市特有の気候として、都市気候と呼ぶ。例えば、東京の年平均気温は、この100年間で3.2℃上昇したと言われており、夏場の不快な暑さや熱中症発生の増加、冷房エネルギー需要の増加などが問題となる。都市環境は、我々が生活をする場であり、快適性や健康性を向上させるためには欠かすことができないものであるが、ヒートアイランド現象は、我々の日々の活動によっても増長される。すなわち、その一つが建物等におけるエネルギーの使用による人工排熱の発生であり、一人一人が、ヒートアイランド現象の要因となる熱の発生源となっていることに注目ができる。日常生活でも、道路に面した室外機から、夏場に熱風が吹き付けられるということは経験する。これらは、個人の合理性（エアコン使用で快適性や利便性を追求する、等）と社会全体の合理性（公共財・共有財としての都市環境を保全すること、等）とが乖離している場合に起こる社会的ジレンマである。その結果、さらに冷房のエネルギーが必要になるという状況に陥っている（これは都市気候の分野で“ポジティブフィードバック”と呼ばれている）。

誰でも自由に利用できる（オープンアクセス）状態にある共有資源が、管理が不十分となり過剰に摂取され資源の劣化が起こることを、共有地の悲劇（コモンズの悲劇）と呼ぶ。米国の生物学者であるギャレット・ハーディンの論文「共有地の悲劇（The Tragedy of the Commons）」（1968年）[注1)文1)]により提唱された有名な理論である。都市環境を共有地の資源として捉えれば、ヒートアイランド現象や大気汚染などの都市気候に関する環境問題は、いわゆる共有地の悲劇が起こっていることになる。共有地の悲劇は環境問題の様々な場面で取り上げられており、先に挙げた地球温暖化などの地球環境問題も、グローバルスケールの共有地の悲劇としてみなすことができる。

これに対して、社会全体としてできることは、法制度や社会システムを構築することで共有地の悲劇とならないように対策を講じることである。都市気候における環境問題は外部不経済の問題であり、例えば大気汚染などでは汚染物質の排出規制などの規制的手法が適用される。人工排熱の規制は残念ながら現状では行われていないため今後の課題と言えるが（建物の省エネ化は排熱削減につながっているので間接的な手法である）、これらは、政府や自治体などのトップダウンによるマクロな手法であり、公共財としての都市環境の管理の手段である。

共有地のセルフガバナンス

さて、再び1点目の論点の身近なミクロなコミュニティの視点に戻ってみたい。すなわち、冒頭で取り上げた住宅地内の地区公園では、ごみが散乱したり遊具が荒らされたり、皆が乱雑に公園施設を利用するといったような共有地の悲劇に至らずに、逆に、多様なアクティビティが展開されるまでに至っているのは何故であろうか？　ここで考えられるのが、自治体による公共財（パブリック）としての公園の管理に加えて、地域の住民主体の共有財（コモンズ）としてのセルフガバナンスの管理の考え方といえよう。

米国の政治・経済学者であるエリノア・オストロムは、前記のギャレット・ハーディンによる「共有地の悲劇」が実際の様々な事例では必ずしも生じていないという点について実証的に考察を進め、コモンズのコミュニティ主体による管理のあり方を提唱した[文2)]。この成果で、2009年にノーベル経済学賞を受賞している。オストロムは、共有地のコミュニティによる自治管理（セルフガバナンス）がうまく機能する条件として次の点を挙げている[文3)]。すなわち、

①コモンズの境界が明らかであること
②コモンズの利用と維持管理のルールが地域的条件と調和していること
③集団の決定に構成員が参加できること
④ルール遵守についての監視がなされていること
⑤違反へのペナルティは段階をもってなされること
⑥紛争解決のメカニズムが備わっていること

⑦コモンズを組織する主体に権利が承認されていること
⑧コモンズの組織が入れ子状になっていること
である。

すなわちコモンズとは、そこにルールが存在し、利用者がルールを守った利用を行う場合には、持続的に資源や環境から大きな利益を受けることができるが、利用者が自己利益の追求を行う場合には容易に棄損や破壊されてしまう性質を有する財のことである[文4)]。冒頭で取り上げた、私の身近な地区公園の場合には、自治体が管理主体ではあるが、共有財(コモンズ)としてのルールや利用者によるセルフガバナンスが働いていることが良く見て取れる。例えば、町内会と各班の役割(もちろんそれなりに大変ではある)や、定期的なゴミ拾い(私も参加している)やイベントの開催、プレイパークの適切な管理運営(遊び場管理運営委員会という地域のボランティアを主体としたもの)、問題が発生した場合の町内会の連絡先の明記と対応などである。地域住民も、概ねこれらを理解したうえで公園の利用を行っており、その延長上で、冒頭に記載したような子どもから高齢者までの多様なアクティビティが展開されている。この公園は、「皆のもの」であるのと同時に「我々のもの」という共有財の意識やマインドセットも周辺住民の中で大きいと考えている(図1)。これによって、私を含む地域住民の豊かな生活にも貢献していると言える[文1)]。

その他にも、様々な地域で共有地の好例が見られる。具体例を見てみたい。

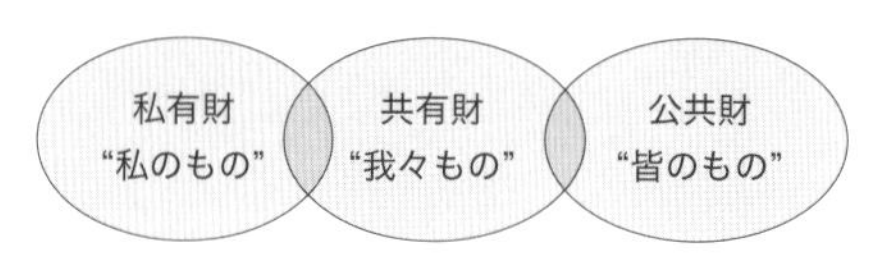

図1　私有財－共有財－公共財

共有地の創出と管理の取り組み

まず取り上げるのが神奈川県川崎市にある「宮崎台桜坂」という住宅地である(図2)。ここは、筆者が修士から博士課程の学生のときに3年間にわたり調査に参加し、博士論文を書く題材とさせていただいた場所であり、現在までの研究生活のきっかけを与えてくれた。

図2　宮崎台桜坂

ここは、閑静な住宅地に位置しており、丘陵の地形と既存樹木を残しながらつくられた緑豊かな9戸の戸建住宅地である。この土地は元々、地権者自らが植樹をし、50年をかけて緑豊かな森を作り上げた場所であり、近隣住民の憩いの場として、また社会的な資産ともいえる環境に育っていった。その後、土地の税金の高騰により宅地化を選択せざるを得なくなったが、地権者は次世代のためにこの緑豊かな環境を何とか残したいと考えた。そこで、50年の定期借地権付き宅地開発事業によって良好な住環境をつくり、居住者との相互協力関係により次世代にこの緑豊かな環境を引き継ぐことを地権者は決意した[文5)]。

計画に際しては、税制をクリアする最低限の開発戸数とし、既存樹の保全を優先した道路計画や配棟計画が行われている。また、既存の地形と緑を活かしたランドスケープとともに、コミュニティの形成や子どもたちの安全な遊び場確保の目的で、共有地である「みち広場」を確保している。筆者も調査に参加するなかで、実際に、この「みち広場」では子どもたちの遊ぶ姿や、住民の談笑する姿が日々見られたほか、住民同士によるアクティビティも行われていた（筆者も調査をしながら、子どもたちとよく遊んだものである）。共有地の樹木等の管理は従前どおり、主には地権者が行っていたが、落ち葉の掃除などの日常の管理は住民自身が行っており、住民へのヒアリングでも「向こう三軒両隣」の意識が多く聞かれた。住戸の敷地と共有地との間には塀などもないため、窓からの視線による防犯効果も働き、安全な遊び空間も形成されていた。

環境的な側面で、この共有地にある樹木などの緑の効果を定量的に調査した結果、夏場に涼しい空間を作り出すことに大いに貢献しており、周囲に比べて1.5℃低い気温となっていた。その結果、住戸によっては涼しい風を室内に取り入れて、エアコンにほとんど頼らない生活も行っていた[文6)]。このような空間特有の気候のことを「微気候」と呼び、微気候に配慮した計画として当時も注目された。地権者の思いや住民の協力、既存樹に配慮した計画、住宅間にあるほどよい距離間の共有地などが有機的に結合した、大変示唆に富む事例である。

次に、商業業務エリアにおける公共空間のなかの共有地の創出の事例として、東京都千代田区の丸の内仲通りの取り組みも注目に値する。ここでは、道路空間を“人中心の空間”へと転換する「Marunouchi Street Park」というイベントが定期的に開催されている（図3）。これは、大手町・丸の内・有楽町地区まちづくり3団体のNPO法人大丸有エリアマネジメント協会と一般社団法人大手町・丸の内・有楽町地区まちづくり協議会および三菱地所株式会社が主体となり取り組んでいる社会実験であり、イベント期間中、丸の内仲通りを歩行者天国とすることで広場に変貌させ、芝生や休憩スペースの設置などを行うことで、屋外での様々なアクティビティを創出している。詳しくは2章に事例紹介があるため、そちらを参照いただきたい。筆者も毎年、夏場の微気候や利用状況の調査に参加させていただいているが、夏場には、緑化に加えてドライミストの設置などにより、涼しく快適に滞在できる微気候が形成されており、加えてそのような場所では利用者の滞在時間も長いことを定量的に確認している。このエリア（大丸有地区）自体が官民一体のエリアマネジメントによる総合的なまちづくりが展開されており、その中でも、丸の内仲通りの取り組みは、民間が中心となった共有地としての運営管理により、快適で多様なアクティビティを創出している点で、大変興味深い。

図3　丸の内仲通りの様子

快適な環境を創出する微気候の観点

快適に滞在をするうえで、微気候は非常に重要である。デンマークの建築家・ヤンゲールは、人間スケールの「生き生きした、安全で、持続可能で、健康的な街」を目指して、北欧を中心に公共空間の都市デザインのあり方を実践的に明らかにしてきている[文7)]。例えば、コペンハーゲンの中心市街地では、歩道にテーブルや椅子、商品などを並べる伝統があるが、ヤンゲールはこれを「ソフトエッジ」と呼び[文8]、重要なアクティビティの場として捉えている。このような歩道の使い方は共有空間としての利用に近いと言えよう。加えて、ヤンゲールはコペンハーゲンの中心市街地ストロイエの歩行者天国での人々の通行や滞在の様子を入念に観察し、人々が滞在するために快適な微気候が非常に重要であることを見抜いている。コペンハーゲンは、冬は寒く夏の期間も短いが、その中でも寒い時期には日差しがある場所が滞在に選択され、また風が遮られた空間が好まれるといった具合である。また、滞在場所からの眺望も非常に重視されており、それらは、滞在のための椅子自体のデザインや機能性よりも、滞在場所選択において優先されていることも明らかにしている。このような、人々の滞在が街のアクティビティを生み出し、またアクティビティがあることにより新たな滞在行為も生まれるという相乗効果が起こっているようである。

気候や地理条件が大きく異なる我が国においても、前頁で紹介をした住宅地と商業業務エリアの2つの事例や、我が家の目の前の木々の中にあるプレイパークも、微気候の観点からみると緑によって暑い夏場においても涼しく快適な微気候が形成されており、そこで子どもから高齢者まで様々なアクティビティが展開されていることが分かる。暑い時期には、宮崎台桜坂では庭先への打ち水が行われ、丸の内仲通ではドライミストが人々に涼しさを提供している。我が家の目の前の公園でも、子どもたちの水浴び（それも全身びしょ濡れになるまで行われている）が夏の風物詩である。これらは、暑い時期にあっても、水の涼しさを利用して積極的に微気候を改善し、楽しみや心地よさ、アクティビティに転換する素晴らしい知恵である。そう考えると、我が国の夏は、足水や風鈴、朝顔や流しそうめんといった、五感に訴える風物詩が根付いており、我々のDNAにしっかり刻み込まれているのではないか。

冒頭の都市環境にまつわる論点の中で述べたヒートアイランド現象は、都市スケールのマクロな現象（都市気候）であることを述べたが、夏の暑熱の問題やヒートアイランドも、近年ではこのようにミクロなスケール（コミュニティスケールやヒューマンスケール）で微気候の対策を考えることが重要であるという考え方が主流になってきた。すなわち、暑い時期にあっても、涼しく快適な微気候をスポット的に街中に創り出し、それを点在させてゆくというものである。これにより、ミクロなスケールで五感にも訴え、利用者や住民に大きな効果をもたらすことが期待できる。

都市になぜ緑が必要か？

これまで見てきた論点や事例においても、緑と水が重要なキーワードになっていたかと思う。緑と水は、微気候の観点からも非常に相性が良い。さて、我々は、緑があると快適さや精神的な豊かさが向上することは感覚的には理解している。では、その本質とは何であろうか？　なぜ、都市に緑が必要なのかを次に考えてみたい。

まず、近年注目されている「生態系サービス」という概念で都市の緑を考察してみよう（図4）。生態系サービスとは、植物などの生態系が人々にもたらす恵みや利益のことを表している。具体的には、生態系サービスは、①供給サービス（生態系から物質的に直接得られるサービス）、②調整サービス（生態系が人々の生活環境を良好な状態に維持するサービス）、③文化的サービス（レクリエーションによる楽しみや審美的な楽しみ、精神的な充足などを人々に与えるサービス）、④基盤サービス（生態系自体が維持していくことにより、供給・調整・文化的サービスの基盤となるサービス）の4つに分けられる[文9]。これらは、国連の主導で行われた「ミレニアム生態系評価」で分類されたものであり、多様な機能が確認できる。

すなわち、人間側からすると植物などの生態系

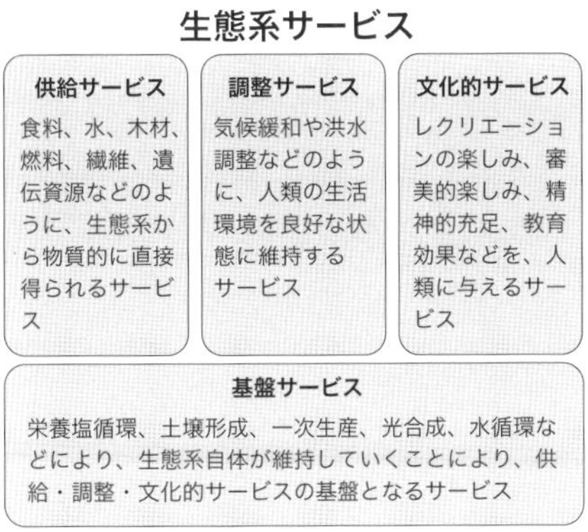

生態系サービス
供給サービス
食料、水、木材、燃料、繊維、遺伝資源などのように、生態系から物質的に直接得られるサービス
調整サービス
気候緩和や洪水調整などのように、人類の生活環境を良好な状態に維持するサービス
文化的サービス
レクリエーションの楽しみ、審美的楽しみ、精神的充足、教育効果などを、人類に与えるサービス
基盤サービス
栄養塩循環、土壌形成、一次生産、光合成、水循環などにより、生態系自体が維持していくことにより、供給・調整・文化的サービスの基盤となるサービス

図4　生態系サービスの構成

はサービスを提供してくれる主体ということである。意志を持たない植物に、そのような利他的な側面が本当にあるのであろうか疑問に思うところであるが、実際に、生態系機能における多様性の効果には、一般的にプラス効果が多く、マイナスの効果はほとんどないことが知られている[文10)]。ここで、生物や植物は自らの生存と種の繁栄を目的とした本質的に利己的なものであるが（遺伝子は自己増殖に有利な働きをする遺伝子がより生存する[文11)]）、人間側の視点からは利他的側面が大いにあるという捉え方ができる。利他的にふるまっているわけでは無いにもかかわらず、利他的なサービスが提供されているということは、大変に興味深い点である。都市環境における緑の生態系サービスを、より具体的に考察することとする。ここでは再び、微気候の観点を取り上げたい。

緑がもたらす涼しさ

樹木などの緑があると、微気候として涼しい環境が形成されることは先にも述べた。ここに、どのような緑の機能によるサービスが潜んでいるのであろうか？

まずは、東京都内で夏季の日中に筆者らが撮影した2枚の熱画像を見ていただこう（図5）。一つ目は、市街地の広幅員道路の交差点で、夏季の昼頃に撮影した全球熱画像というものである。全球パノラマの形式で表示した特殊な熱画像である。アスファルトの車道や、タイル張りの歩道の表面温度が60℃かそれ以上に高温化している。建物の壁面の温度も、40℃程度まで上昇している箇所が見られる。すなわち、太陽からの日射に加えて、人体を取り囲む面からの赤外線の放射により、通行人や横断歩道で立ち止まっている人などは大変な暑さを感じる。

二つ目は、その交差点から最寄りの公園内で撮影した全球熱画像であり、公園内の木々の木陰にあるベンチ付近のものである。樹木の葉や、木陰の地表面やベンチなど、いずれの面も表面温度が低く、気温相当に保たれている。先ほどの、緑の無い交差点とは一目瞭然で微気候が異なることが分かる。このベンチに座っている人は、高木で日射が遮られていることに加えて、周りの物体の表面温度が低いため、赤外線の放射による暑さを感じることが無い。それに加えて、そよ風が吹けば、涼しさも感じられる空間である（実際に筆者らも涼

表面温度 (℃)
60
50
40
30
20
90°
45°
0°
-45°
-90°
S W N E S
表面温度 (℃)
60
50
40
30
20
90°
45°
0°
-45°
-90°
S W N E S

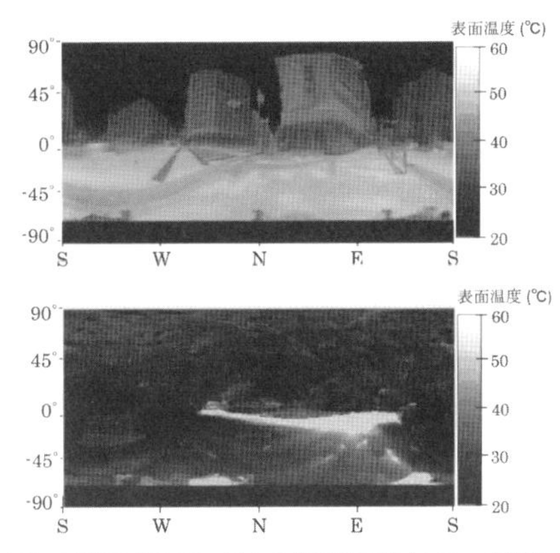

図5　夏場の晴天日・日中の全球熱画像（上段：市街地の開けた交差点、下段：公園内の木陰である。白に近づくほど表面温度が高い。）

しさを体感した)。

これを、生態系サービスの観点で論じたい(図6)。二つ目の高木に囲まれた空間では、樹木の茂った葉により日射が遮られている効果が大きいが、樹木の立場からは、それらの葉により日射のエネルギーを獲得し、光合成を行うことで成長をすることが重要である。このとき、大気中のCO_2を吸収し、O_2を放出する。さて、熱画像より、樹木の葉の温度が高くならずに、気温と同等の温度に維持されていることが分かるが、この一つの理由は葉からの蒸散作用による効果である。樹木にとって蒸散は、地中の土壌から水分と栄養分を吸い上げ、その一部を光合成に利用するために必須の機能である。そのとき、光合成に利用される水分は高々数%程度であり、残りの90%以上は葉の裏面にある気孔を介して大気中に放出され、その際に気化熱を奪うことで、葉と周辺大気の温度を低下させる。これが蒸散作用である。つまり、樹木にとっては土壌から水分を吸い上げる主目的は光合成のためであるが、その副次的な効果により、葉や大気の温度をクーリングしてくれるという恩恵がある。これは、日射の遮蔽とともに、樹木のもたらすサービスと言えよう。

では、雨が降らなかったり、水やりが不十分で土壌が乾燥している場合はどうなるであろうか?

当然、土壌から水分を吸い上げることができずに、樹木の葉は気孔を閉じ、体内の水分損失を減らすことになる。ここで驚くべきことに、土壌の水分ストレスにより蒸散ができない場合も、日射を受けた葉の温度は、気温から数度程度しか上昇しないということが明らかとなっている。日射を受けたアスファルトやコンクリートが30度も上昇するのとは対照的である。なぜこのようなことが起こるのかというと、樹木の葉はスケールが小さく(数cm～十数cm程度)、3次元の空間中に分散して分布しているため、大気への放熱特性(対流熱伝達率と呼ぶ)が非常に優れているためである[文12) 文13)]。すなわち、大気中に熱を放出しながら、自らの葉の温度が上昇しないような葉の形態となっているということである(大気中に放出された熱は主には上空へと拡散される)。これにより、蒸散が無い場合でも葉の温度が上昇しないことで、その木陰空間にたたずんでいる人にとっては、赤外線の放射による暑さが軽減されるということである。これが、我々が木陰で涼しさを感じることの要因であり、実際に、このような樹木の形態を模擬した日よけ「フラクタル日よけ」というものも開発されている[文14) 文15)]。

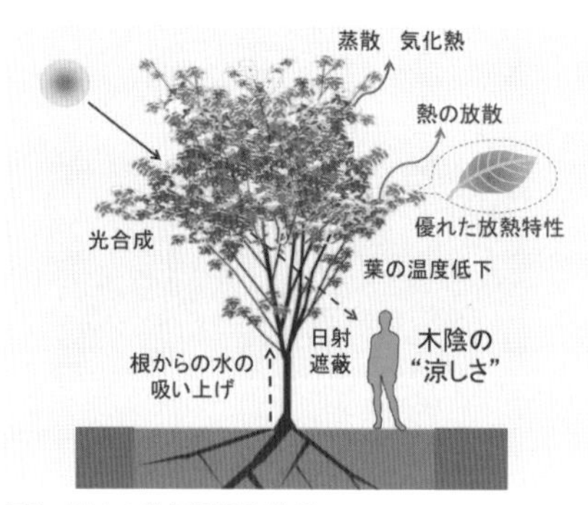

図6　樹木の微気候緩和効果

緑がもたらすサービス

以上で見てきたように、樹木は日射の遮蔽、蒸散作用、小さな葉による熱交換効率という多段階の機能により、我々に暑さの軽減および涼しさというサービス(生態系サービスの②調整サービス)を提供してくれているということになり、我々にとっては大変有難い存在である。その他にも、緑の③文化的サービスのなかで、人々にとっての緑の直接的な効果として、心理的なストレスの緩和効果やリラックス効果もあり、疲れた都市生活者を癒す役割も期待できる。樹木の葉が風に揺れる瞬間や、木漏れ日が地面でちらちらと揺れ動く様子を見た瞬間など、ふっと息が抜けるものである。

このような効果は、もともとは森林環境のセラピーとして長年研究が進められてきたものであるが、近年は、都市の執務者のストレスや知的生産性の観点からも注目されており、仕事の合間に、緑のある空間を散歩等で利用することで、集中力や注意力が回復するという注意回復理論[文16)]なども研究が進められている。その他にも、都市公園の樹木から出る揮発成分によるストレス緩和効果[文17)]の実証研究や、メンタルヘルスに対する緑地の効果に関する疫学的な研究（例えば高齢者のうつ病の発生軽減に着目した研究[文18)]）など、多くの研究によりその効果が実証されてきている。

これらは、社会生物学者のエドワード・O・ウィルソンらが1984年に提唱したバイオフィリア仮説[文19)][文20)]にも通じるものがある。バイオフィリアとは、生命や生き物、自然を意味する「バイオ」に、愛を意味する「フィリア」を組み合わせた用語である。これは、人間は自然を好む性質を先天的に有しているという説であり、この考えを建築や空間のデザインに生かすバイオフィリックデザインが大変注目されている。筆者は、植物などの生態系がもたらすサービスを人々が本能的に理解し、また享受していることの裏付けではないかと捉えているが、そのようなバイオフィリアに対する我々の感受性の理解と、それを実現する空間デザインについては今後大いに発展が期待できる。

グリーンインフラの展開

人々は歩くことによって健康の維持や増進ができることも明らかとなっており、緑のある公園や街路を散歩やジョギングで利用することのメリットも大きい。このように歩行者中心にデザインされた、歩いて暮らせる街は、ウォーカブルシティとして国内外で近年注目されている。例えばニューヨーク市は、建築家や都市プランナー向けの「アクティブ・デザイン・ガイドライン」[文21)]を公開し、緑化された街路やオープンスペースも含めて、歩行等の身体的活動を増やし健康を増進するためのまちのデザインについて整理をしている。このような観点で、自由な散策だけでなく、通勤や通学でも歩きたくなる街並みがもっと増えても良いのではないだろうか？

都市や地域における緑等の自然環境の役割（サービス）を社会資本として捉えて、既存のインフラであるグレー・インフラストラクチャと対比させた考え方がグリーン・インフラストラクチャ（グリーンインフラ）である。このグリーンインフラは、自然環境が有する多様な機能を積極的に活用して、地域の魅力・居住環境の向上や防災・減災等の多様な効果を得ようとするものである[文22)]。その防災・減災の観点からは、気候変動に伴う台風や集中豪雨等による河川の氾濫防止や、斜面の土石流や地滑り等の防止などが期待でき、自然災害が多発する我が国においては、グリーンインフラがもたらす役割は非常に大きい。市街地にある共有地などのオープンスペースも、震災直後の避難や救援、その後の復旧などにも幅広く利用が可能である[文23)]。日々の日常生活（平常時）においては、我々が快適でリラックスでき、健康増進やアクティビティの向上に貢献する空間を提供し、自然災害時（非常時）には都市住民の危険リスクや影響を軽減する（すなわちレジリエンスを高める）という、一挙両得の手法と言えるのではないだろうか。

人が豊かさを得られる都市の環境のデザイン

都市の人工環境の植物は、自然植生ではない。生態系も、都市の中における生態系である。都市は人間が作り上げたものであり、あくまで中心は人間で生態系のサービスを受ける側も人間である。それであれば、やはりサービスを受ける側として（それもかなり多くのサービスを）、最大限、緑等の植物の管理をしっかりとしてゆくべきであり、生態系との共生を図ってゆく必要がある。これはコミュニティにおける共有地の管理にも直結し、植物などの生態系も「我々のもの」というコモンズの意識が重要と考えられる。そのうえで、微気候緩和などの生態系のサービスを理解し、最大限享受しつつ、様々な年代の人々にとっての快適性・健康性・多様なアクティビティを生み出すことを目指して都市の環境をデザインしてゆくことが望まれる。それこそが、あらゆる年代の人々の豊かな生活を創出する、人生100年時代の都市環境のあるべき姿と言えるのではないだろうか。

注

1) 共有財（コモンズ、またはコモン）の考え方は資本主義の次に到来すべき次世代の重要なキーワードであるとの斎藤幸平の論考（『人新世の「資本論」』集英社新書、2020）は大変興味深く、本章の考察にも関連するものである。

参考文献

1) Hardin, G. , “The Tragedy of the Commons”、*Science* 162 (3859)、1243-1248,1968
2) エリノア・オストロム『コモンズのガバナンス　人びとの協働と制度の進化』晃洋書房、2022
3) 環境省『平成24年版　図で見る環境・循環型社会・生物多様性白書』第1部第3章第2節「持続可能な地域社会の実現に向けて」、2012
4) 高村学人「コモンズとしての児童公園と法の新たな役割—地域調査からの制度設計—」『法社会学』第71号、pp.40-57、2009
5) 清水敬示『季節と寄り添う居を構える　先人の知恵に学ぶ微気候デザイン』創樹社、pp.164-165、2011
6) 浅輪貴史「建築内外の微気候実態と居住者意識から見た開放的な住まい方の特徴 屋外空間の微気候と居住者の開放的な住まい方との関わりに関する研究 その3」『日本建築学会環境系論文集』623号、pp.115-122、2008
7) ヤン・ゲール『人間の街：公共空間のデザイン』鹿島出版会、2014
8) 小泉隆、ディビッド・シム『北欧のパブリックスペース　街のアクティビティを豊かにするデザイン』学芸出版社、pp.19-21、2023
9) 環境省『平成19年度版　図で見る環境・循環型社会白書』「第1部 第2章 1 生態系サービス」、2007
10) Balvanera, P. et al. , “Quantifying the evidence for biodiversity effects on ecosystem functioning and services”、*Ecology Letters, 9*,1146-1156,2006
11) リチャード・ドーキンス『利己的な遺伝子』紀伊国屋書店、40周年記念版、2018
12) 浅輪貴史・藤原邦彦・梅干野晁・清水克哉「ケヤキ樹冠の対流熱伝達率」『日本建築学会環境系論文集』720号、pp.235-245、2016
13) Asawa, T. , Fujiwara, K. , “Estimation of Sensible and Latent Heat Fluxes of an Isolated Tree in Japanese Summer” ,*Boundary-Layer Meteorology* 175 (3) ,417-440,2020
14) Sakai, S. , et al. , “Sierpinski’ s forest: New technology of cool roof with fractal shapes”、*Energy and Buildings*, vol. 55,28-34,2012
15) 中村美紀・酒井敏・大西将徳・古屋姫美愛「フラクタル日除けによる放射環境改善効果」『日本ヒートアイランド学会論文集』vol. 6、pp.8-15,2011
16) Kaplin, R. , Kaplin, S. , *The Experience of Nature A Psychological Perspective*, Cambridge University Press, 1989
17) 岩崎寛・山本聡・渡邉幹夫「都市緑化樹木の揮発成分によるストレス緩和作用 クスノキを用いた実験」、*Journal of aroma science technology and safety* 5 (4)、pp.386-390,2004
18) Nishigaki, M. , Hanazato, M. , Koga, C. , & Kondo, K. “What Types of Greenspaces Are Associated with Depression in Urban and Rural Older Adults?: A Multilevel Cross-Sectional Study from JAGES” .*International Journal of Environmental Research and Public Health*, 17 (24)、9276,2020
19) Wilson, E. O. , *Biophilia, The human bond with other species*, Harvard University press, 1984
20) Kellert, S. R. , Wilson, E. O. , *The Biophilia Hypothesis*, Island Press, 1993
21) The City of New York, *Active Design Guidelines, Promoting Physical Activity and Health Design*
22) 国土交通省「第4次社会資本整備重点計画」2015
23) 紙野桂人監修、日本都市計画学会関西支部震災復興都市づくり特別委員会編著『これからの安全都市づくり　阪神・淡路大震災の教訓を踏まえて』学芸出版社、pp.65-96、1995

6-3 地球環境変動下の大雨・洪水災害から考える人生100年時代の都市とインフラ

東京工業大学　鼎信次郎

なぜ大雨・洪水災害に着目するか

都市開発、建築、インフラ建設などを主な専門分野とする本書の執筆陣において、本項の著者の専門分野はそれらとは少々異なっており、まずはその説明から始めたほうがよさそうである。本項の著者の専門分野は、土木工学の中の河川工学、水資源、大雨・洪水といったものであり、それらと昨今密接に関わっている地球温暖化、より一般的には地球環境変動などを専門の一部としている。

ところで、本書は人生100年時代を対象とするものであり、100年後の未来を対象とするものではない。そのことは重々承知しているが、都市やインフラの開発・整備には時間を有するものであり、開発・整備の間、時代は着々と前に進み、地球環境の変化も無視し得ないほどに進むであろう。都市やインフラの開発には長い時間がかかるがゆえに、そもそもそういった社会や環境の変化を織り込むことは一般的である。また、地球温暖化による大雨・洪水・熱波などの被害の増加はすでに表面化しており、カーボンニュートラルへの動きなども待ったなしである。そういった背景の下、地球環境変動からの視点や、激甚化が避けられない大雨・洪水災害などについての視点を加えることが、本項の著者に課された役目だと考えられる。また、人間の寿命が100年であるとか高齢化であるとかには関係しない記述についても、人生100年を気にするぐらいに十分に発展、成熟した世の中になったからこそ気にされ始めたことについて記述することもある。以下ではまず、地球温暖化と大雨・洪水災害について、我々にとって身近な例から記述を始めたい。

令和元年台風19号と多摩川その1:都市型水害

大雨・洪水と聞いて、東工大の寄付プログラムを中心とした我々がまず思い出すのは、2019年

図1　国土交通省の狛江市付近の多摩川ライブカメラを令和元年洪水時に画面キャプチャしたもの。河川敷は水面下となり、堤防の天端近くまで水位が上昇していることが分かる。出典：https://www.ktr.mlit.go.jp/keihin/keihin00654.html

（令和元年）10月の台風19号（アジア名：ハギビス）がもたらした激甚災害であろう。この大雨・洪水によって、国管理区間で14ヶ所、県管理区間で128ヶ所の河川堤防が決壊したとのことである。国管理の堤防が1ヶ所決壊しただけでもNHKニュースの冒頭で採り上げられるレベルの災害といえるが、単純計算でも、その14倍。この台風が途方もない災害をもたらしたことは想像に難くない。

109ある一級水系・河川の中で、東工大に最も近いのが多摩川である。多摩川では越水や溢水は生じたが、堤防決壊には至らなかった。それは不幸中の幸いであったといえる。しかし、その越水や溢水で残念ながら死者も発生したし、都市型水害としての被害も数多く見られた。たとえばタワーマンションなどの大規模建物の地下に大量の水が浸入し、地下に置かれていた建物全体のための電気設備が動かなくなったというケースが見られた。地下あるいは低層部への浸水による電気系統の機能不全は、2015年の鬼怒川氾濫の際にも話題になり、それ以前では2000年の東海豪雨で名古屋周辺が水浸しになった際にも見られた現象である。実は、地下の電気設備への浸水は、1982年7月の梅雨前線がもたらした長崎豪雨による都市水害の際に得られた教訓でもあった。それ以来、すでに40年である。

図2　本文中では主に多摩川を紹介したが、多摩川と並び東京都市部の代表的な大河川として荒川が挙げられる。写真は荒川が隅田川と分かれる辺りにある旧岩淵水門近くの水位標を写したものである。一番上が、これまでの最大の洪水であるカスリーン台風（昭和22年）時の水位を示しており、上から5番目が令和元年の水位を表している。この写真だけでは実感できないだろうが、赤羽岩淵駅から歩いて10分程度なので、ここへ行けば、どのあたりまで川の水面が上がったのか容易に実感することができる。

令和元年の台風の際の地下への浸水の中には、川沿いの低地に位置していた美術館の地下が浸水し、多くの美術品が被災してしまうという残念な出来事もあった。大学図書館への浸水という出来事もあった。長崎豪雨の際に得られた別の教訓として、自動車は水害に弱く、移動中の自動車の被災可能性を忘れてはならないことが挙げられるが、令和元年の台風の際も同様の被災形態が見られた。1982年から40年を経て、ますます都市化やインフラに依存した社会の高度化が進む一方で、都市型水害への脆弱さは必ずしも解消されていない。ふだんは忘れられているといっても過言ではないかもしれない。高齢化とデジタル化を伴う人生100年時代、ますます電気と通信インフラに依存することになるであろうし、自動車に移動と輸送を依存する割合が減ることもないであろう。これまでに得られた都市型水害についての教訓は、上手に生かしていく必要があろう。

令和元年の台風の際、多摩川の水位は堤防の天端まであと数十センチメートルといったところまで上昇した。幸い堤防決壊は生じなかったが、工学的には堤防設計上の最高水位以上であったともいえ、決壊しなかったのは運が良かっただけといえなくもない。ここで問題となるのは、地球温暖化が進行中という事実だ。最新の数値シミュレーション研究は、令和の台風の大雨に対して地球温暖化が1割程度の量的増強をもたらしたことを示唆している。温暖化があった場合となかった場合で1割程度雨量が違い、すでに温暖化の影響は顕在化しているという意味である。将来、温暖化が進行した後、次の同規模の台風が首都圏を襲う際には2割程度の大雨の激甚化は覚悟せねばならないであろう。それは、次に同様の大雨に見舞われる場合には、多摩川においても堤防決壊の可能性が十分にあることを意味する。

堤防の天端まであと数十センチと迫ったのは、多摩川の中下流部であり都市部でもある。中下流部での氾濫水は、河川沿いに下流へと氾濫水が流れる上流部と異なり、四方八方へと流れ下る。スマートフォンなどから簡単にアクセスできる洪水ハザードマップの代表的なものとして国土地理院による「重ねるハザードマップ」があるが、その多摩川中下流を拡大していただくと、この四方八方がどの程度のエリアにわたるものであるか実感していただけることと思う。たとえば川崎の駅前繁華街なども全て含まれる。都市部を四方八方へと氾濫する中でのリアルタイムでの避難や止水対策は困難を極めることであろう。たとえば1999年夏には福岡の地下街に大雨からの氾濫水が流れ込み、死者も出ている。

令和元年台風19号と多摩川その2：
水害と今後のインフラ整備

多摩川を例とした話をもう少し続ける。新規のダムや遊水地の建設は多摩川沿いでは難しいと考えられるため、多摩川においては河川の通水能力の向上が一つの有力なオプションとなる。通水能力の向上と聞いてまず思い浮かべるのは、川底の掘り下げであろう。しかし、中下流は海と水平につながっているため、川底を掘り下げたからといって必ずしも通水能力の向上につながるわけではない。それ以上に、河川には橋梁などの構造物が数多くあり、たとえば橋梁であれば、川底を掘り下げると（単純にいえば）橋脚が浮いてしまうなどの困難に直面する。そして、その対策が必要となる。河川に関連した構造物が無数にあることを考えると、川底の掘り下げがあまり有力なオプションとはならないことをご理解いただけるかと思う。

そうすると、通水能力の向上のために次に考えられることは、河川敷を削ることであろう。実際、これは検討されているはずである。ただ、多摩川の河川敷といえば、野球をしたり、バーベキューをしたりとの連想も容易である。学校のグラウンドも幾つもある。人生100年時代、そういった豊かな野外活動が一層望まれるところではあるが、地球規模の環境変動の中で、豊かさを削る工事を進めねばならない日が来るかもしれない。少し話は逸れるが、多摩川の上流部に位置する小河内ダムは利水のためだけのダムであり、ここに治水機能を持たせることができれば、多摩川の洪水処理能力は多少向上するはずと追記しておく。

河川敷への工事だけでなく、街中において水害を減じるための策として、公園やその他の公共施設の遊水地化なども考えられよう。グリーンインフラとも呼ばれるが、豊かさや幸せだけを考えてみたい公園等の施設に防災のための役割を担わせることが、ますます一般的になるであろう。

令和元年の台風19号と多摩川といえば、二子玉川付近の無堤区間での溢水、それによる周辺地域の浸水もニュースとなった。これを契機として、東急田園都市線・大井町線の北側の無堤区間に、堤防の整備が行われることとなった。歴史的

図3　多くの観光客が訪れるセーヌ河畔であるが、海抜35m以下の旧河道、すなわち低地であり、長い歴史の中で数メートルの盛土によって嵩上げされた土地でもある。つまり、ここに写っているのはパリのスーパー堤防であると考えることさえできる。

経緯や景観への配慮から無堤区間である時代が長らく続いていたわけではあるが、ついに他の多くの場所と同様に堤防の整備が行われる。

全員にとって理想の堤防案があればよいのだが、そのようなものがあるはずもない。人生100年時代、全員が大人になって譲り合うというのも一つの解である。人生100年時代の都市とインフラを考える本書としては、個人のライフシフト以上に、公共の目的のために互いに譲りあう心の重要性を主張したいところである。しかし、現実の社会においては、なかなかそうもいかないだろう。

堤防建設に直接の関係ない市民、国民からすれば、安いほうがよい。その分、税金が安くなる。河川管理、洪水防御の視点からは、ある決まった高さと強度の堤防が必要となる。公園化されている河川敷を訪れる人やそこを人気スポットとしたい方々からすれば、駅から河川敷への物理的なアクセスが容易であることが望まれる。あるいは堤防の上が通路であっても構わない。周辺住民は堤防の上から見られたくはないし、一方で周辺住居から川面への視線が遮られることは出来るだけ避けたいことであろう。樹木があったほうがエコだという意見がある一方、樹木に安全や防犯面での問題を感じる人もいる。人生100年時代になったからこその個々の豊かさを求めての様々な要求、意見といえよう。私が担当者だったら「解なし」と言って逃げ出してしまうかもしれない。合意形成と最適なデザインのため最善を尽くされている国土交通省京浜河川事務所の方を始めとした関係各位の努力には頭の下がる思いである。

上記の河川堤防の場合、要求される強度や機能が存在する。デザインとは見た目のことだけではなく、強度や機能を満たした上での形態のことである。本書後半では、隅田川に建設された両国リバーセンターの例が紹介されているが、そこではまちと川面を連続的につなぐためにスーパー堤防が採用されている。あの、一時期はスーパー無駄遣いとまで揶揄されたスーパー堤防である。私は河川工学が専門であるから、もちろんスーパー無駄遣いとは思っていない。どのように活用するかが重要である。たとえば、セーヌ川の氾濫に悩まされてきたパリの街は、千年かけて土地を数メートル、上に上げていった。セーヌ川沿いの観光地域全体がスーパー堤防的なものであるといっても過言ではない。両国リバーセンターの例は、川の全長からすれば限られた区間に対してではあるが、スーパー堤防を見事に現代の街づくりデザインに生かしたという点に敬意を表したい。ゼロメートル地帯を始め低地の広がる東京では、まだまだスーパー堤防あるいは類するものの活躍の場はあることだろう。スーパー堤防へのケチの一つは、時間がかかりすぎること、であった。人生100年時代、「整備に時間がかかるからやめておこう」との考えからは脱却すべきであろう。

水害と高齢者施設

少し前に河川敷に関することを記述したが、河川敷と人生100年時代から直接的に連想されることが、もう一つある。2016年の8月末から9月始めにかけて北海道と東北を台風が直撃した。かなり珍しい経路をたどって北海道と東北に襲い掛かった台風ではあったが、そういった気象学的な説明は他に譲るとして、岩手県の二級河川、小本川の川沿いにあった高齢者福祉施設が氾濫に襲われ、9名が亡くなるという痛ましい出来事があった。これを一つの契機として、高齢者施設や要配慮者利用施設における避難確保計画の策定や避難訓練実施が全国的に促進されていくことになる。避難の警報等の文言も変更され、「避難準備(情報)」という一般人にとっては最初のステージを意味する避難の発令に、「高齢者等避難開始」が付け加えられたのはこの直後である。2023年現在、一般人はその段階では何もしないからであろう、一般人向けの避難準備という発令はなくなり、一方で高齢者については「開始」では弱いということで削除されたのだろう、この避難の指示・勧告の第一ステージは「高齢者等避難」という文言となっている。こういった政府の防災についての文言も、すでに人生100年時代への移行を始めているといったところであろう。

このときの高齢者施設は、河川敷といって差し支えない場所にあった。行政的には川面と堤防の間にある土地ではないため、河川区域としての河川敷としては扱われていないはずである。しかし、上空からの映像、画像を見れば、自然の地形としては河川敷と考えられる。より専門的には谷底平野の一部とされる。日本の山間部では一般に見られる地形である。高齢者施設等は、そういった土地に立地しがちである。種類にもよるが、それら福祉施設等の建設が急増したのは20～30年前のことであり、既存の建物のない土地を探す必要があったからである。比較的安価な土地を探したといったことも理由であろう。この後、計画や訓練の充実によって助かった命も数多くあるかと思うが、自然の猛威には逆らえないところがどうしてもあり、2020年の球磨川洪水の際にも、川沿いの高齢者施設で14名が犠牲になっている。2つだけ例を挙げたが、こういった立地は決して例外的なものではない。災害時など万が一の際の高齢者、要支援者等の避難は、人生100年時代の重要課題の一つであろう。

高齢者施設の中の高齢者だけが洪水災害に対して脆弱なわけではない。たとえば令和元年の前年には西日本豪雨があり、残念なことに多数の死者が出たが、やはり高齢者が中心であった。それらの多くは、高齢者施設等においてではなく、一般の住宅等においてのことであった。この20、30年ほどの中で、河川氾濫による溺死が初めてクローズアップされたのは2004年の新潟・福島豪雨による信濃川支流での氾濫であるが、そのときの溺死者も高齢者ばかりであった。高齢者からは離れるが、西日本豪雨の際にはBCP（事業継続計画）も話題となった。陸の孤島のようになってしまった地域も数々あり、そういった地域での経済活動や生活の早期の立て直しは、災害後の重要課題であり、都市やインフラに災害前の時点で対策が組み込まれていることが望ましい。BCPも成熟した人生100年時代だからこその懸念事項であろう。

流域治水・レッドゾーン・海面上昇・内水氾濫

2011年以降目立ってきた大雨・洪水災害を受け、とりわけここまでに何度も採り上げた令和元年の台風19号とその前年の西日本豪雨を受け、国レベルにおいても新たな動きがあり、「流域治水関連法」が2021年（令和3年）に公布、全面施行された。流域治水の全貌や詳細は他書に譲るとするが、その特徴の一つは、洪水災害に対して危険な地域を都道府県知事が「災害レッドゾーン」とし

図4　2015年の鬼怒川氾濫に襲われた常総市役所近くの街角の風景。鬼怒川と小貝川の両方に氾濫の危険性があり、それら両方の想定浸水深さが電柱に示されている。

て指定可能となったことである。

災害レッドゾーンにおいては、開発・建築に対して、きわめて強い制限がかかる。高齢者福祉施設に対しても、新規整備が補助対象から原則除外される。都市計画や土地利用において、とくに水害に関連しては、あまり私権の制限をしてこなかった日本社会において、これはかなり大きな変化といえよう。社会の受容には時間がかかるため、すぐには効力を発揮しないところもあるかもしれないが、長い目で見れば大いに社会に変化をもたらす可能性がある。付け加えるならば、この国全体の動きの何年も前（2014年）に、滋賀県では独自の流域治水の推進に関する条例が定められ、実施されている。その先見の明にも敬意を表したい。

レッドゾーン的な考え方は日本だけのものではない。地球温暖化による大雨、洪水、海面上昇、高潮・高波などの激甚化、あるいは頻発化が避けられない中で、危険な土地からの撤退は、世界でも共通のコンセプトとなりつつある。英語ではmanaged retreatという単語が用いられている。Managed retreatは典型的な「総論賛成、各論反対」になりやすいコンセプトであると考えられる。危険な土地からは撤退したほうが、全体的なコストベネフィットの面ではプラスになると考えられる。あるいは、コストベネフィット計算によって、撤退すべき土地を選ぶことも可能であろう。一方で、「では、あなたはその土地から撤退しなさい」と言われたときに、それぞれの居住者や居住団体は「Yes」と言えるであろうか。個人レベルでも難しいであろうし、自治体以上のレベルでも容易ではないであろう。たとえば海沿いのウォーターフロントに対して、海面上昇によって危険度が増すから開発禁止区域にしましょう、という決断を自治体等が下せるであろうか。どうしても、棚上げ、後回し、といった形になってしまうであろうし、それはなかなか非難できないことでもあろう。しかし、そういった決断をせねばならないときは、いずれ到来する。

図5　本文中では述べ忘れたが、低標高地帯の水害・内水氾濫対策の第一は、放水路の建設である。この写真は静岡にある大谷川放水路であり、「ちびまる子ちゃん」第2巻でも採り上げられている1974年の七夕豪雨災害の後、建設されたものである。実は図2で紹介した岩淵水門以南の荒川も、人工の荒川放水路である。しかし、現代の三大都市圏などの人口密集地では、こういった地表の放水路を建設することは容易ではなく、本文中で紹介したように、地下に活路が求められることも多くなってきた

東京も大阪も名古屋も、ゼロメートル地帯や低標高地帯が広がる。東京駅周辺でも海抜3メートルから4メートル程度である。地下街、地下の鉄道網を始め、地下のインフラも多い。そういった中、2100年頃までの海面上昇は1メートル近くとされ、その後も上昇は続くと予測されている。令和元年の台風19号と多摩川に戻れば、多摩川本流の水位が上昇しすぎたがゆえに、川崎市や大田区の中小河川や都市下水道は多摩川本流への排水ができなくなり、あるいは多摩川本流の水がそれらへと逆流し、多摩川堤防の決壊はなかったにも関わらず都市内氾濫に見舞われるという事態が発生した（氾濫は内水氾濫と呼ばれ、逆流や排水できない状況はバックウォーターと呼ばれる）。1メートル近くの海面上昇は確実に内水氾濫の危険度を上げることであろう。

人生100年時代というよりは数十年後の、あるいは100年後の世の中についてといったことではあるが、このほぼ絶対に避けられない海面上昇といった現象に対して日本の主要大都市とインフラ

がどのように対処するつもりであるのか、必ずしも国土のグランドデザインの俎上に載せられていないのではなかろうか。

海面上昇だけが危惧すべき要素というわけではない。日本の都市の内水氾濫は直接的には短時間豪雨によってもたらされる。世界全体の平均降水量は気温1度の上昇によって2%から3%増加するとされている一方、気温1度の上昇によって短時間豪雨強度は少なくとも5%から10%程度増加するとされている。ひょっとすると、雨量の増加度合いはそれ以上かもしれない。日本の都市内の雨水排水網および雨水貯留施設は、この短時間豪雨強度の増加にも対応せねばならない。しかし排水網や貯留施設は地下に作られるものであり、建設も維持管理も容易ではない。そのため、単独事業として実施することは容易ではないであろう。一つのヒントとして挙げられるのは、渋谷駅周辺地下で稼働を始めた雨水貯留施設が土地区画整理事業の一部として整備されたという例である。この例のように、大雨・洪水対策は、単独ではなく複数の事業の相乗りといった形で整備されていくのが望ましいのではないだろうか。多摩川の一つ隣となるが、鶴見川沿いの横浜国際競技場は遊水地でもあり、台風19号の翌日にもかかわらずラグビーW杯の日本・スコットランド戦が実施され、一躍その名を馳せた。

国全体としても流域治水が進められているが、そのキャッチコピーは「気候変動を踏まえ、あらゆる関係者が協働して流域全体で行う総合的かつ多層的な水災害対策」である。都市における対策においても、これまで大雨・洪水対策に必ずしも関係なかったセクターや団体、部署も含め、「協働」が期待される。たとえば、本書後半に掲載されている幾つもの都市開発の実例においても、一層の大雨・洪水対策を忘れずに盛り込んでいただきたい。

美術館や図書館の地下・低地への浸水を先ほど述べたが、パリのルーヴル美術館やオルセー美術館では、浸水が予見されたときの地下収蔵品大移動について計画やマニュアルが策定されており、訓練も行われている。100年以上の寿命を持つ文化財は、そうやって守られている。流域治水によって治水が流域全体で総合的かつ多層的に行われるように、いざというときの水防訓練も、堤防への土のう積みなどを河川沿いで行うだけでなく、流域全体で総合的・多層的に行っていくべきであろう。

広域避難

上で述べたレッドゾーンの話には続きがある。水害に対してのレッドゾーンの指定は、比較的土地に余裕のある地方においては有効に機能していくことであろう。では、人口の密集する東京ではどうであろうか。

前述した「重ねるハザードマップ」を用いると、洪水浸水想定区域が首都圏中に広がっていることが見てとれる。そういった中、洪水浸水想定区域が広がる江東5区(墨田区・江東区・足立区・葛飾区・江戸川区)では、レッドゾーンはさておき、共同での広域避難計画の策定が進められている。

ここでの広域避難とはどのようなものか、まず説明したい。江東5区は全域が洪水浸水想定区域内であるといっても過言ではなく、そうすると全域をレッドゾーンにするという案があっても理論的には不思議ではない。しかし、完全に都市化された地域であり、約250万人が居住している地域である。レッドゾーンに指定することは現実的には不可能であろう。一方で、水害は夢物語ではない。1947年9月、カスリーン台風がもたらした大雨により利根川中流部の本流堤防が決壊し、氾濫流は埼玉県を数日かけて流れ下り、江東5区も氾濫水の餌食となった。厳密には主に被害を受けたのは東側の地域で、荒川放水路の西側は荒川を氾濫水が越えなかったためカスリーン台風による洪水被害の地域には含まれないが、もし荒川の右岸（西側）が決壊した場合は、江東5区の西側が主な被害地域となる。このように利根川と荒川という日本を代表する大河川、しかも過去に氾濫したことのある大河川による水害が、江東5区全体を覆うように想定されているということになる。

令和元年の台風19号は、決してほぼ同じコースを通った台風ということではないが、大雨・洪水の規模からすれば1947年のカスリーン台風以来のものであった。約80年ぶりであったといえる。数十年後、次に同規模のものが東日本を襲う際は、温暖化により大雨の増加と海面上昇の影響が今よりも増した形での襲来となり、江東5区の大規模氾濫への懸念は決して非現実的なものではない。

レッドゾーン化はできず、一方で大洪水を想定せざるを得ないということは、避難せねばならないということになる。想定するのは全域を覆うような大洪水である。隣の街角までの避難で済むわけはない。江東5区全体から避難せねばならない（高層ビルなどでの垂直避難などの例外はあるかもしれない）。そこで広域避難である。以前は、水害からの避難は各基礎自治体（市町村）の中で閉じて行われることが一般的であった。しかし2015年9月に鬼怒川が氾濫した際に、氾濫が生じた常総市内で避難をするよりも隣接の自治体、たとえばつくば市に避難したほうが安全であったのではないかとの議論が生じた。それ以来、隣接自治体を中心とした異なった自治体への避難としての広域避難が広く議論され始めた。

しかし、江東5区の広域避難は鬼怒川のケースとは規模が異なる。人口250万、72-24時間前からの避難、2週間以上浸水が引かない可能性も想定されている。250万人が逃げるというのは逃げる方も明らかに大変であるが、本学の学部生のグループが演習の一部として「周辺の他の市や区の公共施設等で、250万人は収容できるか」を検討してみたことがあるのを思い出すと、逃げるだけでなく収容するというのもなかなかの大問題との学生達の結論であったことを覚えている。人生100年時代でいえば、この避難者の中に高齢者、要

図6　2019年に発行され、「ここにいてはダメです」が話題となった江戸川区ハザードマップの表紙。

支援者がかなりの割合で含まれるということになる。東京の高齢者は、すでに人口の約4分の1を占める。

浸水想定区域は江東5区に限らず首都圏中に広がっており、また東京だけでなく大阪にも名古屋にも大河川沿いの低地が広がっている。多くの高齢者を含む大規模広域避難は江東5区だけの問題ではない。大都市やインフラは、この想定に耐えられるように計画されているであろうか。

大雨・洪水災害と人生100年時代

経済や投資の文脈において「ESG(環境Environment、社会Social、ガバナンスGovernance)」という言葉を目にしない日はない、といった昨今である。その一環として、TCFD(気候関連財務情報開示タスクフォース)は、企業等の年次の財務報告において気候関連のリスクと機会についての情報の開示を推奨し、少し遅れて始まったTNFD(自然関連財務情報開示タスクフォース)は、自然資本に関係するリスクと機会が企業の財務に与える影響の開示を推奨することになる。本項で述べた様々な内容はTCFDやTNFDにおいても取り扱われることとなるであろう。企業も都市も、目の前の利益や損失だけでなくESG的(あるいはTCFD的およびTNFD的)なことも重要視して計画・運営されねばならない時代となった。本項は、その一側面を記したともいえる。ESG的な側面を軽視すれば、国際化がますます進む中、世界中の投資家や顧客(都市にとっては、その都市を選んで立地してくれる企業や住んでくれる住民)の獲得競争において不利になるという世の中が到来しつつある。ESG的な流れは、正直、欧米からのソフトな外圧によってというところであろうが、日本の企業も都市も無視しえなくなっている。

このような世の中の到来は、人生100年時代だからというよりは、企業や都市も長寿命を目指しているからということになりそうだが、それも個人の人生が長くなり、社会が成熟してきたことと無関係ではなかろう。成功している大企業や大都市においては、長く覇権を続けたいという自発的駆動力がどうしても生じる。それがゆえのESG、TCFD、TNFDであろう。長く覇権を続けるためには周囲の環境の安定が必須であるからだ。焼き畑的な太く短い栄華を求めるのであれば、こうはならないであろう。寿命が比較的短かかった時代とは、企業や社会レベルでも発想が異なってきているということであろう。

本書全体のきっかけとなった「ライフシフト」には、災害・防災関係の記述はほとんどない。著者が災害の少ないイギリスの方だからであろうか。しかし、高齢者は間違いなく災害弱者である。また、人生100年時代との直接の因果関係はないが、これから地球温暖化が進み、風水害が激甚化するのも確かである。長い人生の中で災害に遭う確率も高まるであろう。我々人間が物理的実態をなくしバーチャルな世界に完全に取り込まれてしまうのであれば災害は怖くないが、実態としては、そうではない。我々は物理的存在であり、都市やインフラも物理的存在である。人生100年時代が到来しても、バーチャル世界が著しい発達を遂げても、リアルな地球の風水害は我々を容赦なく襲う。住民の3割4割が高齢者で災害弱者という社会は、もうすぐそこまで来ている。地方部では、すでに到来しているところもあろう。高齢化と関連し、労働力不足を補うために外国人労働者が増加しているが、彼らもある意味、災害弱者である。負の側面に焦点を当てるのは心華やぐものではないが、人生100年時代、本項で記述したような側面も忘れずに都市・インフラの計画、整備、更新を進めてもらいたい。

都市・インフラの物理的側面に着目すること自体、「ライフシフト」とは視点が異なる。100年前のロンドンと今のロンドンは、高層ビルが多少増えたかもしれないが、大きな変化はない。一方、100年前の東京と今の東京は物理的にまったく違う。100年後もほぼ同じ物理的状況を想定してのロンドンでのライフシフトとは異なり、東京でのライフシフトは物理的側面を伴う。本項では書ききれなかったが、都市・インフラ自体も高齢化しており、常にライフシフトが必要である。

著者の浅学ゆえに、本項では主に大雨・洪水災害に焦点を絞って記述を進めた。風水害の中には強風による災害もある。地球温暖化が進み、台風の巨大化が進めば、風災害もこれまで以上の恐怖となる。風水害の一部として、海からは高潮もやってくる。近年の日本では大雨・洪水災害が目に付くが、世界的には水不足や渇水、干ばつも懸念すべき水災害である。また、風水害以外にも地震、津波、火事、大規模テロ、紛争なども考えられる。この約100年間に関東大震災も東京大空襲もあった。大雨・洪水は一例でしかなく、人生100年で象徴される成熟・高齢化時代におけるこれらの様々な懸念と都市・インフラの関係について、「ライフシフト」を超えた議論や学問が望まれよう。

6-4 モビリティから考える人生100年時代

東京工業大学　室町泰徳

現代のインフラ

本書の元となったプログラム名が「人生100年時代の都市・インフラ学」であり、比較的「都市」に関する考察や提案が豊富に盛り込まれそうであることから、本節では、インフラ、特に都市のインフラについて一考したい。中村他[文1]は、インフラ、すなわちインフラストラクチャーとは「社会全体の活動を支える社会共用の施設(固定資産)である」としているが、同時に「インフラストラクチャーとは何であるかを聞いてもなかなか明確な言葉は返ってこない」とも述べている。また、インフラストラクチャーとそのサービスの特徴として、高い必需性、共同利用、非競合性、非排除性、巨額の投資、平均費用逓減、地域独占、外部効果を挙げている。さて、人類初期のインフラストラクチャーの例としてメソポタミア都市における灌漑施設[注1]やインダス都市における下水道施設がよく紹介されているが、現代のインフラストラクチャーの例とはいかなるものであろうか。表1では、中村他[文1](1列目)を含むいくつかの文献において、インフラストラクチャーの種類として掲げられているものを列挙している。後述するように、インフラストラクチャーの種類は社会のあり様によっても変化する。例えば、住宅は開発途上国の一部においてはインフラストラクチャーと言えるかもしれないが、現代の日本の通常時においてそう考える人はかなり少なくなっていると思われる。

表1の2列目は、日本建築学会[文2]による文献において示されているインフラストラクチャーの種類であるが、都市計画法第11条に定める都市施設を引用している。その意味では、「都市の」インフラが列挙されていると考えられ、中村他では明示されていないインフラストラクチャーとしては、学校、病院、保育所などがある。表1の3列目は、森杉[文3]による文献において示されている「社会資本の属性による分類(Classification of infrastructure by attribute)」という表に掲げられているインフラストラクチャーの種類を1列目に合わせて並びかえたものである。出所は土木学会編『土木工学ハンドブック』第1巻(技報堂出版、1989)である。なお、著者の主張を取り入れて、都市景観を構成する「建築物」も表に加えている。第1列に含まれている社会安全施設、国防施設、測地・気象観測施設等を除けば、第3列は第1列と第2列の種類を概ね含んでいる。

森杉[文3]は、また、「私的動機にゆだねると著しくその供給が不足する資本」をインフラストラクチャーの標準的な定義として紹介した後、公共介入の必要性に注目したインフラストラクチャーの分類に関する視点を示している。すなわち、第一は、「排除不可能でかつ共同消費の性格を有する公共財」、例えば、一般道路は、利用者を排除することが困難で料金を徴収することができない、また、空いている場合には、ある利用者の利用が他の利用者の利用に影響を与えない、という公共財である。第二は、「その財を使用または供給するという行為が、その財を直接使用または供給していない人に何らかの影響を与え、かつ、影響を被る人に対して料金を課すことができない」という外部性、例えば、保健衛生などがこれにあたる。第三は、「分割不可能な巨大な固定資本を必要とし、そのため、一定の容量までは、供給量が増加すればするほどその費用が逓減する」という非分割性、例として、電力の他、鉄道、港湾、空港などの多くの交通施設が挙げられる。また、これらの多くは地域独占でもある。最後に、「公的供給による特定の政策意図の実現」に貢献するインフラストラクチャーであり、社会的弱者に対する公共賃貸住宅などの例がある。「特定の政策意図」は社会のあり

表1　インフラストラクチャーの種類

中村他[1]		日本建築学会[2]（都市計画法第11条）	森杉[3]（土木工学ハンドブック）
生活施設	上水道（水源地、浄水場、配水場、水道管など）	水道	水道
	下水道（下水管きょ、処理場など）	下水道、汚物処理場	下水道（雨水、汚水）、排水
	廃棄物処理場（焼却場、火葬場など）	ごみ焼却場、火葬場、墓園	廃棄物処理
	公衆便所		
交通施設	道路（交通安全施設、交通情報施設を含む）	道路、駐車場、自動車ターミナル	一般道路、有料道路
	鉄道	都市高速鉄道	鉄道
	港湾（航行安全施設（航路、灯台など）を含む）		港湾
	空港（航空保安施設を含む）		空港
防災施設	河川施設（堤防、水制工、堰堤、貯水池など）	河川、運河、防水の施設	治水、治山
	海岸施設（海岸堤防、消波堤、避難塔など）	防風、防砂、防潮の施設、一団地の津波防災拠点市街地形成施設	海岸
	消防施設（消火栓など）	防火の施設	
		防雪の施設	
		一団地の復興再生拠点市街地形成施設、一団地の復興拠点市街地形成施設	
産業施設	農業施設（灌漑施設、農道）		農道、灌漑、圃場整備
	林業施設（林道、索道、貯木場）		林道
	漁業施設（漁港）		漁場整備、漁港
	工業施設（工業団地、工業用水）		土地造成、工場用水道
エネルギー施設	電力施設（発電所、変電所、送配電線）	電気供給施設	電気（家庭用、業務用）
	ガス（ガスタンク、ガス管路）	ガス供給施設	ガス
	石油備蓄施設		
通信施設	通信施設、通信線	電気通信事業の用に供する施設	電気通信、郵便
都市施設	地下街		
	余暇施設（公園、競技場など）	公園、緑地、広場	都市公園、自然公園
公共建築物	庁舎	一団地の官公庁施設	
	文化施設（博物館、音楽ホールなど）		文化
	社会安全施設（交番、刑務所など）		
			建築物
国防施設	国防施設		
測地・気象観測施設	基準点		
	気象観測所		
（その他）		学校、図書館、研究施設	教育、研究所、社会教育、体育
		市場、と畜場、流通業務団地	
		一団地の住宅施設	公共賃貸住宅
		病院、保育所	保健衛生、救急医療、社会福祉

注）第2列と第3列の種類分けは第1列を参考にしているが、別の種類に位置付けられる場合もあるであろう。

様によって変化するため、この分類に属するインフラストラクチャーも社会によって異なる、ということになる。

ところで、第一の分類における「排除不可能でかつ共同消費の性格を有する」、言い換えれば、「誰も排除せず、誰も他の人の利用に影響されず」、という点は、経済学における公共財の特徴の一部として説明され、公共財は市場の失敗の一例として議論される。「失敗」の一例と言われればネガティブな印象が付きまとうが、公共財であるインフラストラクチャーは「誰も排除せず」と言われれば印象は大分ポジティブに変わるのではなかろうか。防災施設である堤防を考えればわかりやすい。堤防は老若男女、貧富の差を問わず人々を水害から守る[注1)]。似たようなフレーズとして、国連による「我々の世界を変革する：持続可能な開発のための2030アジェンダ」の前文の中に「誰一人取り残さない（no one will be left behind）」[文4)]とあり、SDGsと共によく議論されている。人生100年時代において「誰一人取り残さない」ためには、「誰も排除せず」という特徴を備えたインフラストラクチャー、従来のものや新たなものも含めて、が依然として重要な役割を果たすこととなるであろう。

細る都市のインフラ需要

インフラストラクチャーには高い必需性がある、とは言え、必需であるとする人の数が減少してしまっては、インフラストラクチャーの存在意義も目減りしてしまう。日本では、国勢調査上2010年の1億2806万人をピークに人口が減少している。国立社会保障・人口問題研究所では2021年出生率、死亡率一定による人口指標、つまりこの場合の人口予測値を示している[文5)]。図1の2020年以前は国勢調査による人口実績値であり、2030年以降は上記のやや極端な設定による人口予測値を表している。これによれば2030年、2050

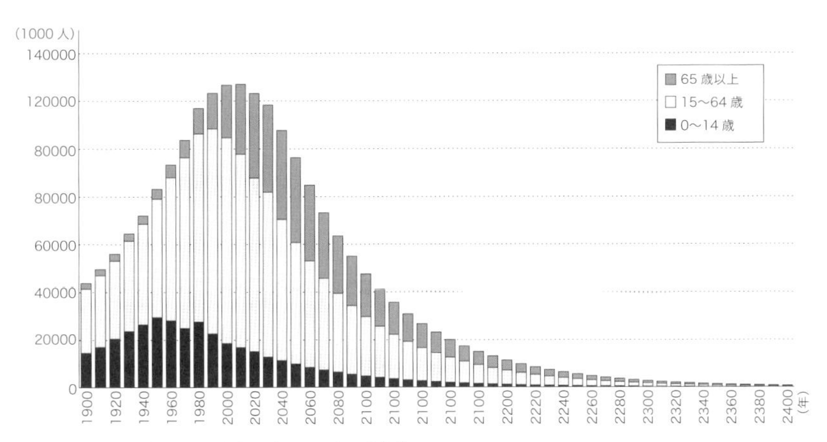

図1　2021年出生率、死亡率一定による人口指標[5)]

注）2021年男女年齢（各歳）別人口（総人口）を基準人口とし、2021年における女性の年齢別出生率（合計特殊出生率：1.30）、出生性比（105.1）および生命表による死亡率（平均寿命男：81.47年、女87.57年）が今後一定であるとした場合の将来の人口指標であり、安定人口に到達する経過ならびにその状態を示す。なお、人口動態率は、当年10月～翌年9月間について平均人口を分母とした率。国際人口移動はゼロとしている[5)]。2020年以前は国勢調査値である。

年、2070年の人口は1億1836万人、9635万人、7325万人となる。2023年に発表された同研究所による日本の将来推計人口(令和5年推計)結果(中位推計)[文6]よりはやや減少幅が大きくなっている。この人口予測値を2100年、2200年、2300年、2400年に外挿すると、4751万人、1124万人、266万人、63万人という結果となる。1900年には約4000万人であった人口が20世紀から21世紀の変わり目をピークに2100年には再び4000万人近くに戻り、かつその後も人口減少は続いていく。

図1には、各年の0～14歳、15～64歳、65歳以上人口の割合も示されている。1960年くらいまでは、65歳以上人口の占める割合は大きくなく、また、その頃に0～14歳人口の減少が始まったことが確認できる。0～14歳人口の減少が始まっても、平均寿命が伸び続けるため、しばらくは人口増加期が続くが、いずれピークを迎える。人口減少期では、相対的に65歳以上人口の占める割合が大きくなるのは、このようなメカニズムを考えれば自然な現象であり、人口減少が予測されている日本以外の多くの国で将来同様の現象が観測されるであろう。

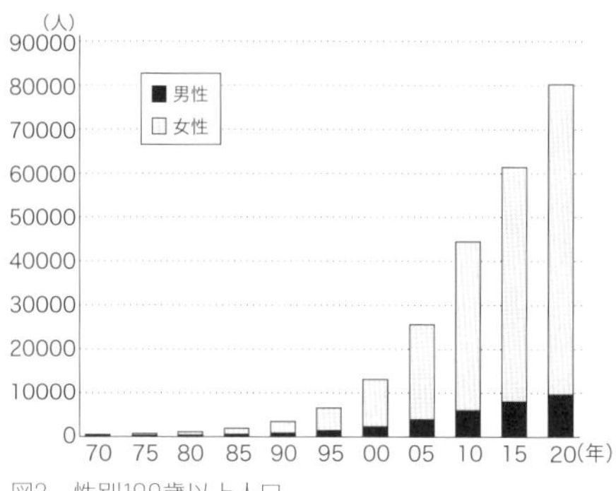

図2　性別100歳以上人口

ところで、図2は、1970年以降の性別100歳以上人口の経年変化を示している[文5]。1970年にはわずか310人であった100歳以上人口が2020年には8万450人(2022年には9万526人)に達している。LIFE SHIFT2[文7]で日本人名の人物が登場するわけである。なお、100歳以上人口において女性が占める割合は、1970年は80.0%であったが、2020年には88.2%となっている。100歳以上では圧倒的に女性の割合が高く、かつ、その割合は長期的に増え続けているという興味深い事実がある。

さて、表1において主要なインフラストラクチャーと考えられる交通施設、中でも都市の交通施設に関しては、人口減少もさることながら、一人当たりの交通需要も減少しているのではないか、と考えさせられる調査結果がある。図3は、令和3年度全国都市交通特性調査結果(速報版)にお

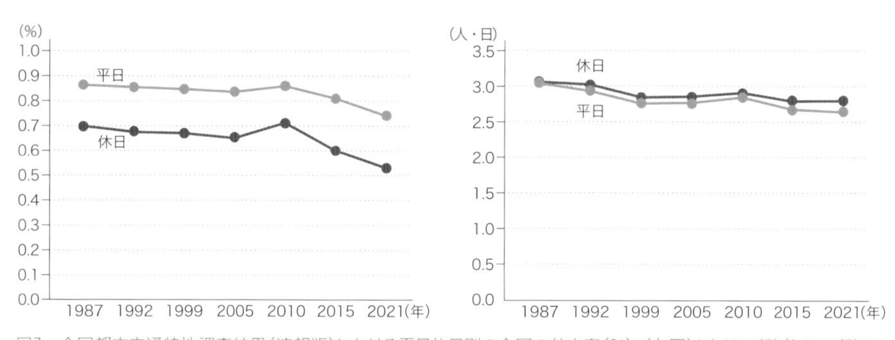

図3　全国都市交通特性調査結果(速報版)における平日休日別の全国の外出率(%)(左図)とトリップ数(トリップ数/人・日)(右図)の経年変化

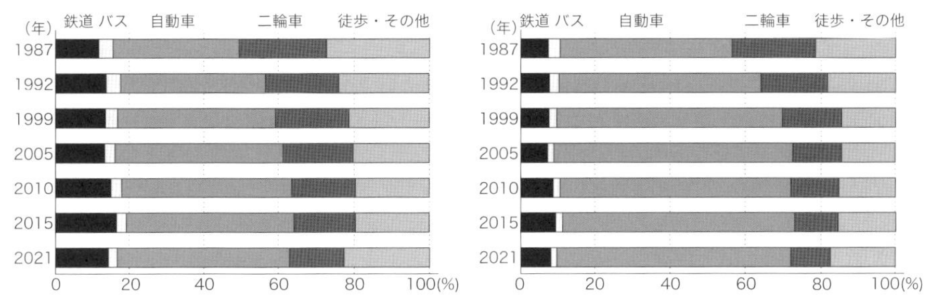

図4　全国都市交通特性調査結果（速報版）における平日（左図）休日（右図）別の代表交通手段分担率の経年変化

ける平日休日別の全国の外出率（%）とトリップ数（トリップ数/人・日）[注2)]の経年変化を表している[文8)]。外出率、トリップ数共に年々減少していることがわかる。2021年はコロナ禍にあり、外出率、トリップ数共に減少するのはやむを得ないとして、2015年の外出率、トリップ数も1987年と比較すると、平日で5.4%減少、12%減少、休日で9.6%減少、9.1%減少となっている。全国都市交通特性調査はアンケート調査であるので、近年の調査におけるトリップ記入漏れの可能性を指摘する研究も存在するのだが、比較対象としている社会生活基本調査をみても、全国都市交通特性調査ほどではないにしても外出率が平日休日共に年々減少していると推測されている[文9)]。

全国都市交通特性調査では、代表交通手段分担率の経年変化も追うことができる。代表交通手段とは、1つのトリップがいくつかの交通手段で成り立っている場合、主な交通手段の集計上の優先順位を鉄道→バス→自動車→二輪車→徒歩の順と設定して、例えば、鉄道と徒歩を利用した場合には代表交通手段を「鉄道」とする集計方法である。図4は平日休日別の全国の代表交通手段分担率の経年変化を表している。平日休日共に、1987年以降、自動車の分担率が増えており、特に平日よりも休日において分担率が高くなっている。都市交通計画の目標の1つは、鉄道やバス等の公共交通、二輪車（自転車を含む）や徒歩などの動力を用いない交通手段の利用促進であり、2015年には自動車分担率の変化が横ばいとなったように見受けられたが、コロナ禍の2021年には微増となっている。

一方、鉄道やバスなどの公共交通は1987年から2021年にかけて平日では1.1ポイント増、休日では0.9ポイント減でほぼ横ばい、2015年から2021年にかけては平日では2.5ポイント減、休日では1.6ポイント減となり、コロナ禍の影響を受けていると考えられる。徒歩・その他は、1987年から2021年にかけて平日では4.6ポイント減、休日では4.1ポイント減であったが、2015年から2021年にかけて平日では3.1ポイント増、休日では2ポイント増と持ち直している。コロナ禍の影響が今後どのような変化をもたらすか興味深いところであるが、これまでの長期的な傾向は外出率、トリップ数は減少し、トリップするにしても自動車の利用が増加し、動かないように、動いたとしても楽なように変化が進んでいると考えられる。

身体活動も減少している

「動かないように、動いたとしても楽なよう」な変化は、生活が便利になったことを表していると言え、外出率の減少の裏では宅配便などのモノの動きが増加している、つまり人の動きを一部代替している、という指摘もあろう。しかし、果たして何も問題は無いのであろうか。前述のように、都市交通計画の目標の1つは、公共交通、二輪車、徒歩などの交通手段の利用促進であるのだが、長期的にみて目覚ましい成果を挙げてきた、とは言いにくい状況にある。同様な現象を別の観点からみて、同じく悩ましい状況に直面している分野に公衆衛生学がある。都市交通計画は都市計画の一部であるとすれば、近代の都市計画もかつては公衆衛生学の一部であったことを考えると非常に感慨深かったりもするが、人の健康に関わる事であるのでそう感慨に浸ってばかりもいられない。

日本国憲法第25条に「すべて国民は、健康で文化的な最低限度の生活を営む権利を有する。2 国は、すべての生活部面について、社会福祉、社会保障及び公衆衛生の向上及び増進に努めなければならない。」とある。厚生労働省は、具体的に健康増進法に基づき策定された「国民の健康の増進の総合的な推進を図るための基本的な方針」、いわゆる「健康日本21」という21世紀における国民健康づくり運動を展開しており、公衆衛生学はこれに寄与している。健康日本21は、2013年から2023年までを期間としている健康日本21(第二次)から健康日本21(第三次)に引き継がれようとしているが、その中には生活習慣の改善に関する目標として、栄養・食生活、休養・睡眠などと並んで身体活動・運動についての目標も掲げられている。

これから始まる健康日本21(第三次)における

表2　健康日本21 (第二次)における身体活動・運動に関する最終評価[文10)]

目標項目	①日常生活における歩数の増加			
指標	策定時のベースライン	最終評価	目標値	評価(最終)
20歳～64歳(男性)	7841歩(2010年)	7864歩(7887歩(年齢調整値))(2019年)	9000歩(2022年)	C(変わらない)
20歳～64歳(女性)	6883歩(2010年)	6685歩(6671歩(年齢調整値))(2019年)	8500歩(2022年)	C(変わらない)
65歳以上(男性)	5628歩(2010年)	5396歩(5403歩(年齢調整値))(2019年)	7000歩(2022年)	C(変わらない)
65歳以上(女性)	4584歩(2010年)	4656歩(4674歩(年齢調整値))(2019年)	6000歩(2022年)	C(変わらない)

注）歩数計を対象者に事前に配布して歩数測定方法を説明し、これに従って測定後、被調査者が1日の身体活動量（歩数）と歩数計の装着状況を記録したものを集計した。

目標項目	②運動習慣者の割合の増加			
指標	策定時のベースライン	最終評価	目標値	評価(最終)
20歳～64歳(男性)	26.3% (2010年)	23.5% (24.1% (年齢調整値)) (2019年)	36% (2022年)	C (変わらない)
20歳～64歳(女性)	22.9% (2010年)	16.9% (16.5% (年齢調整値)) (2019年)	33% (2022年)	D (悪化している)
65歳以上(男性)	47.6% (2010年)	41.9% (41.5% (年齢調整値)) (2019年)	58% (2022年)	C (変わらない)
65歳以上(女性)	37.6% (2010年)	33.9% (33.8% (年齢調整値)) (2019年)	48% (2022年)	C (変わらない)

注）「運動習慣有」とは、1回30分以上の運動を週2回以上実施し、1年以上継続していると回答した者。

目標項目	②運動習慣者の割合の増加			
指標	策定時のベースライン	最終評価	目標値	評価(最終)
住民が運動しやすいまちづくり・環境整備に取り組む自治体数	17 (2012年)	34 (2019年) 参考　35 (2020年)	47 (2022年)	B* (現時点で目標値に達していないが、改善傾向にある(目標年度までに目標到達が危ぶまれている))

注1）厚生労働省健康局健康課による把握（都道府県へのアンケート調査により把握）
注2）問1　住民の健康増進を目的とした運動しやすいまちづくりや環境整備の推進に向け、その対策を検討するための協議会（庁内又は庁外）などの組織を設置していますか。
問2　住民の身体活動・運動の促進を目的として市町村が行う歩道、自転車道、公園及びスポーツ施設の整備や普及・啓発などの取組に対し、助成（財政的措置）を実施していますか。
都道府県の取組状況に関する調査において、上記の問1又は問2を行っている都道府県を集計。

身体活動・運動についての目標は参考文献[注3]に委ねるとして、以下では健康日本21（第二次）の評価をみてみよう[文10]。なお、身体活動（physical activity）とは、「安静にしている状態よりも多くのエネルギーを消費するすべての動作を指す。それは、日常生活における労働、家事、通勤・通学等の「生活活動」と、体力（スポーツ競技に関連する体力と健康に関連する体力を含む）の維持・向上を目的とし、計画的・継続的に実施される「運動」の2つに分けられる」という定義が与えられている[文11]。

健康日本21（第二次）における身体活動・運動についての目標は、①日常生活における歩数の増加、②運動習慣者の割合の増加、③住民が運動しやすいまちづくり・環境整備に取り組む自治体数の増加、から成っている。表2は2022年に発表された評価結果を整理したものである。評価欄の多くにC（変わらない）が示されていることから、一見して結果が芳しくないことがわかる。例えば、①日常生活における歩数の増加、②運動習慣者の割合の増加に関しては、目標値に届かないばかりか、①の20歳～64歳（男性）と65歳以上（女性）の歩数を除いて2019年の値は2010年の値よりも減少している。①と②の値は毎年実施される国民健康・栄養調査（令和2年～3年は中止）に基づいているが、①日常生活における歩数は2000年以降、長期的な減少傾向にあり、老年人口の増加のみでは説明できない。

当然ながら、これらの身体活動・運動についての目標は科学的知見に基づいて検討され設定されている[文11]。例えば、身体活動量の基準（日常生活で体を動かす量の考え方）については、関連する33論文をレビューした結果、少なくとも6.6メッツ・時/週[注4]の身体活動量があれば最も身体活動量が少ない群と比較して生活習慣病等及び生活機能低下のリスクが14%低かった。しかし、日本人を対象とした3論文に限定すると、日本人の身体活動量の平均15～20メッツ・時/週ではリスク低減効果が統計学的に確認できず、22.5メッツ・時/週より多い者ではリスク低減効果が統計学的に確認できた、としている。23メッツ・時/週は、総じて1日8000歩～10000歩に相当している。

目標の内、③住民が運動しやすいまちづくり・環境整備に取り組む自治体数の増加は、目標到達が危ぶまれるものの、値は増加している。この目標は、日常生活における歩数の長期的な減少傾向の一因をまちづくり・環境の未整備に求めるものであり、既存の健診後の保健指導や少人数を施設などに集めて行う運動指導のみではこの減少傾向を変えるのに限界があるという認識を反映している[文12]。これに対して、まちづくり・環境整備を担う国土交通省も、健康・医療・福祉のまちづくりの推進[文13]からまちなかウォーカブル推進プログラム[文14]などの形で従来の傾向に変化を与え得る政策を続けている。

人生100年と都市のインフラ

前節まで都市のインフラ、特に都市の交通施設の一部が人口減少や「動かないように、動いたとしても楽なよう」な変化で必需性が減少している一方で、人生100年時代を迎えられるくらいの健康を人々が手に入れるためには、別の変化も必要かもしれない、といった事を述べてきた。別の変化には、もちろん健康以外の理由も考えられよう。

「セレンディピティ」もプログラムの中でしばしば議論されたように思う。都市の交通施設の多くは「誰も排除せず」という特徴[注5]があり、交通空間の中での様々な偶発的出来事は、少なくとも人々が都市を直観的に理解する手助けとなるであろう。日本では、義務教育の小学校にあがる、あるいはそれ以前から、通学を経験する人々が多い。もちろん、1カ所に集まった方が教育上の効率が良いということがあろうが、通学途上の幾多の「セレンディピティ」、あるいはアンラッキーを乗り越えて、無事帰宅することの繰り返しを行ってほしい、という期待もあるように思われる。上級学校にあがれば、ぐずぐずしていていつも乗る電車に間に合わなかった、と思ったら電車が遅れていて間に合った、でも学校には遅刻かと心配したら先生も遅れてきた、といった個々には数少ない「セレンディピティ」も、意外と多くの人々が時間と場所をかえて経験している、といったことも交通空間ならではということであろう。

交通空間の中での様々な偶発的出来事の中には、「教育」機会となる場面も含まれよう。乗車の順番を守る、然るべき人には席を譲る、車内ではリュックをラッコさんにする、幾多のルールを、他人を眺めたり、時には他人から注意を受けたりして理解してゆく。都市には複数の人々がいるので、お互いに快適に過ごそうとすればルールが生まれ、時間と場所に応じたそれをお互いに尊重していかなければなるまい[文15)]。時には、車内のベビーカー利用のように、新たなルールが模索される場合もある。「誰も排除せず」、かつお互いに快適に過ごそうとするためには、ルールも常に見直されなければなるまい。

もっとも、人口減少や「動かないように、動いたとしても楽なよう」な変化は、やはり脅威である。交通を行わないで済む「どこでもドア」もプログラムにおいて何度も引き合いに出された。さすがにアニメの中の「どこでもドア」通りに実現することは不可能のように思われるが、昨今のVRの目覚ましい発展をみれば、VR上では可能なことのように思えてくる。近い将来、現在の東京スカイツリーやディズニーランド、はたまた織田信長が討たれた際の本能寺や実在しない空想上の空間さえも家で経験?できるかもしれない。しかも「誰も排除せず」に、安いコストで。

しかし、ぐるぐると考えを巡らせているうちに、やはりこれは杞憂であるように思えてきた。当たり前だが、VR上の経験?は人の脳の経験?としての受け入れであって、経験ではない。サクラの花びらが空に舞い、それと同じ風を受けながら、路面の水たまりの花びらの塊の動きを眺める、なんていうことはVR上で再現できない。「よくできている」と再現を受け入れることはできても、移ろう空間を完全に再現することは一瞬たりとも不可能である。そして、そのような空間を「誰も排除せず」に経験できるのであれば、それはそのような空間を持つ社会が豊かだということであろう。

注

1)土木学会、22世紀の国づくりプロジェクト[文16)]における羽藤英二東京大学教授へのインタビューにおいてこの点に関するお話があったと記憶している。

2)人がある目的をもってある地点からある地点へ移動した単位をトリップといい、目的がかわるごとにトリップもかわる。1回の移動でいくつかの交通手段を乗り換えても1トリップと数える。目的がかわると2番目のトリップとなる[文8)]。トリップ原単位とは、ある人が1日のうちで目的を持って動く回数である。参考文献[文8)]では、（外出者+非外出者）1人あたりでみたトリップ原単位（グロス集計）が示されているが、表3では（外出者）1人あたりでみたトリップ原単位（ネット集計）を計算して示している。

3) 2032年の目標として、①1日の歩数の平均値（年齢調整値）に関して20歳～64歳男女共に8000歩、65歳以上男女共に6000歩、②運動習慣者の割合（年齢調整値）に関して20歳～64歳男女共に30%、65歳以上男女共に50%、さらに③1週間の総運動時間（体育授業を除く）が60分未満の児童の割合が示されている[文17)]。

4)参考文献[文11)]によれば、メッツ・時とは、運動強度の指数であるメッツに運動時間を乗じたものである。メッツ（MET: metabolic equivalent）とは、身体活動におけるエネルギー消費量を座位安静時代謝量（酸素摂取量で約3.5ml/kg/分に相当）で除したものである。

5)混雑があまり無ければ、鉄道やバスも、通勤手当の支給を受けている人にとっては区間限定だがこの特徴を備えていると言えないだろうか。

参考文献

1) 中村英夫(編著)、長澤光太郎･平石和昭･長谷川専、『インフラストラクチャー概論』、日経BP社、2017

2) 日本建築学会編『まちづくりのインフラの事例と基礎知識』、技報堂出版、2008

3) 森杉壽芳、「第7章　広がる社会資本の範囲」(森地茂･屋井鉄雄編著、『社会資本の未来』「所収)、日本経済新聞社、1999

4) United Nations, Department of Economic and Social Affairs, Sustainable Development, Transforming our world: the 2030 Agenda for Sustainable Development (https://sdgs. un. org/2030agenda (accessed 2022 October 28))(外務省、「我々の世界を変革する：持続可能な開発のための2030アジェンダ」(仮訳)(https://www. mofa. go. jp/mofaj/files/000101402. pdf)(アクセス2022年10月28日)

5) 国立社会保障・人口問題研究所『人口の動向　日本と世界　人口統計資料集2023』、厚生労働統計協会、2023

6) 国立社会保障・人口問題研究所『日本の将来推計人口(令和5年推計)結果の概要』、2023

7) アンドリュー・スコット、リンダ・グラットン(池村千秋訳)、『LIFE SHIFT2: 100年時代の行動戦略』、東洋経済新報社、2021

8) 国土交通省、「令和3年度全国都市交通特性調査結果」(速報版)(参考資料)(https://www. mlit. go. jp/report/press/content/001573783. pdf)(アクセス2023年7月14日)

9) 深堀達也、円山琢也、「社会生活基本調査による個人・世帯不在率の経年変化：交通調査のトリップ記入漏れ分析への示唆」、『土木学会論文集』(土木計画学)、Vol. 78、No. 3、pp.93-104、2022

10) 厚生科学審議会地域保健健康増進栄養部会、健康日本21(第二次)推進専門部会「健康日本21(第二次)最終評価報告書別添参考資料」2022 (https://www. mhlw. go. jp/content/001077195. pdf)(アクセス2023年7月14日)

11) 厚生労働省、「健康づくりのための身体活動基準」2013、2013 (https://www. mhlw. go. jp/stf/houdou/2r9852000002xple-att/2r9852000002xpqt. pdf)(アクセス2023年7月14日)

12) 井上茂「身体活動の推進における領域間の連携」、『行動医学研究』Vol. 25、No. 2、pp.86-93、2020

13) 国土交通省「健康・医療・福祉のまちづくりの推進ガイドライン」(技術的助言)、2014

14) 国土交通省、「まちなかウォーカブル推進プログラム」、2023

15) 中井検裕、「2部4章　都市計画と公共性」(蓑原敬編、『都市計画の挑戦　新しい公共性を求めて』所収)、pp.165-188、学芸出版社、2000

16) 土木学会、「22世紀の国づくりプロジェクト」(HYPERLINK "https://committees. jsce. or. jp/"https://committees. jsce. or. jp/ design_competition/)(アクセス2023年7月14日)

17) 厚生科学審議会地域保健健康増進栄養部会、次期国民健康づくり運動プラン(令和6年度開始)策定専門委員会、歯科口腔保健の推進に関する専門委員会、健康日本21(第三次)推進のための説明資料、2023 (https://www. mhlw. go. jp/content/001102731. pdf)(アクセス2023年7月14日)

6-5 もうひとつの自己ナラティブを創る
— ハイブリッド化翻訳のすすめ

東京工業大学　野原佳代子

他者的に生きるということ

人生100年時代の持つ意味が、もしこれまでより与えられる時間に余裕ができるということだとしたら、人は、その時間に何をするのだろう。東京工業大学産学協働プログラム「人生100年時代の都市・インフラ学」において議論をする機会があったが、新しいことがしたい、新しいコミュニティと出会いたい、知らない自分に出会いたい、一方で今好きなことも大切にしたい、何年生きても結局のところ自分は自分だ…と、思いや願いはさまざまである。これまでとは違う仕事、違う趣味など知らない世界に飛び込んでみたいという気持ちはあるけれど、それほど器用に次のステージをアレンジできるか自信はなく、専門のコーディネーターがいてお世話してくれるとよい、という声もあった。なるほど、結婚相談所や職業紹介所のように、「ネクストステージ相談所サービス」があり、これまでの人生をつぶさに振り返った上で、各人の人となりや経験、スキルを踏まえてマッチングを考え、次の一歩を提案し背中を押してくれるなら、どんなにか勇気づけられることだろうか。私自身は何をしたいだろうかと想像するとき、具体的にはまだ茫漠としてわからないのだけれど、しばらくはまるで他人のように生きてみたい、と思うのだ。それまで自分がしようと思わなかった仕事、想像さえしたことのない毎日。社会の一部として当たり前のようにそこにあるけれど、自分にとっては風景に過ぎず、ときおり掠るだけの職業やサービス、生き方。そうしたものが他者でなく自分の軸になったとき、世界はどんなふうに見えるのだろうか。そしてそのとき、大学教員、言語学研究者という今の自分のキャリアと生き方はどのように映るのだろう。自分を他人の目を通してメタ的に見つめるのに、これ以上適した立ち位置があるだろうか。だれか、そんな楽しいネクストステージをコーディネートしてくれないものだろうか。

ひとつのキャリアあるいは生き方をそれなりに貫いてきた人間は、それ以外のことを大して知らないことが多いので、他人のように生きてみる、などは言うが易しで、実際はたやすいことではないだろう。ふと思いついて経済産業省のまとめた『人生100年時代の社会人基礎力』(2006)なるものを調べてみた。そもそも「社会人基礎力」とは、「職場や地域社会で多様な人々と仕事をしていくために必要な基礎的な力」であるらしい。「前に踏み出す力」「考え抜く力」「チームで働く力」の3つの能力(さらに12の能力要素に分けられる)から成るとのことだが、「これまで以上に長くなる個人の企業・組織・社会との関わりの中で、ライフステージの各段階で活躍し続けるために求められる力」が「人生100年時代の社会人基礎力」として新たに定義されている。上記3つの能力／12の能力要素自体は変わらないが、20年ほど増えた時間の中で現実に能力を発揮するにあたっては「自己を認識してリフレクション(振り返り)しながら、目的、学び、統合のバランスを図ることが、自らキャリアを切りひらいていく上で必要」とされている。この「リフレクション」というのが曲者である。己を振り返り認識するには、他者が自分を見るように自分で自分を見ることが不可欠だが、果たして今の私たちにそのスキルと習慣があるだろうか。やり直しや路線変更が簡単には実現しない、実体のない世間の目を何かと気にして生きることが基本の現代日本において、「今ここにいる自分」以外の視点をもって自分を見つめる機会も余裕も、まずないのが普通ではないか。ときおり立ち止まって内省する時間と空間があるとき、そうした静かな一瞬にヒトは何か自分に足りないもの、目をつぶってきたものに気づく、あるいは気づきそうになる。しかしそれにじっくり向き合い、突き詰めて何かしら結論を引き出し、行動、ルーティンを変容するには、私たち現代人は忙しすぎるし、第一慎重すぎると思う。何かを変える、試すことにはリスクが伴うからである。まあ、何か特段困っているわけでもないし、と自分をだまし、また日常を先へ進んでいくのがデフォルトだ。がらりと自分自身を変えることはなくとも、またそんな過激な変化は必要はないにしても、もう少し行動や思考に幅があれば、出来上がった自分にハイブリッドな部分がたとえときおりであっても持たせられたら楽になるのに…と思うことがある。このハイブリッドな自分、というのが本稿のポイントである。キメイラ状の自分、と言ってもよい。そのあたりへの興味が私の中で、ひとつでない自分、異文化や異分野の混在するコミュニティ、そこで起こるコミュニケーションの研究に果てしなく惹かれることにつながっている。

STEMからSTEAMへ
―思考にアートをとり入れる

私は言語学、とくに翻訳学という分野を専門とし、東工大で研究教育に携わってきた。カテゴリーとしては人文社会科学に属す学問領域だが、職場ではいわゆる理工系の研究者たちに囲まれて日々を過ごしている。科学技術立国である日本にとってSTEM（科学、技術、エンジニアリング、数学）分野の人材教育は屋台骨であり、長らく経済が停滞し研究界・産業界を問わずイノベーションの創出が待たれる昨今、効果的な理工系教育コンテンツの開発は喫緊の課題となっている。そんな中、領域や組織、個人を領域ごとに分断せずに多様な知識とスキルを持ち寄り、統合させて問いを立て解決に取り組む「科学・技術・工学・アート・数学を横断するSTEAM人材育成」の有用性が世界で注目されている[注1]。STEM教育からSTEAM教育へと移行し、広義の「アート」（運用上しばしばデザインも含む）を理工系教育に組み入れることで創造的人材が育つのか、彼らからイノベーティブなアイデアが本当に生まれるのか、教育界ではグローバル規模の実験が始まっている[注2]。近代以降、科学・技術とアート・デザインは分断され、中でも科学とアートは対極にあるものととらえられ敬遠しあう傾向もあった。東京高等工業学校（現東工大）で芹沢銈介らの芸術家、工芸家を輩出した工業図案科は、教員ごと1914年に東京美術学校（現東京藝術大学）に移管されている[注3]。とは言え科学も工学もアートもクリエイティブという共通項を持つ行為である。異なる思考の道筋と行動パターンを通し異なる文化を発展させてきていても、ここに来て有機的なインタラクションや融合の方法が模索されているのである[注4]。アートとは何か、デザインとは何かについては機能、あり方、思考について多くの議論があるが、本稿では紙面の都合上そこは議論しない。こ

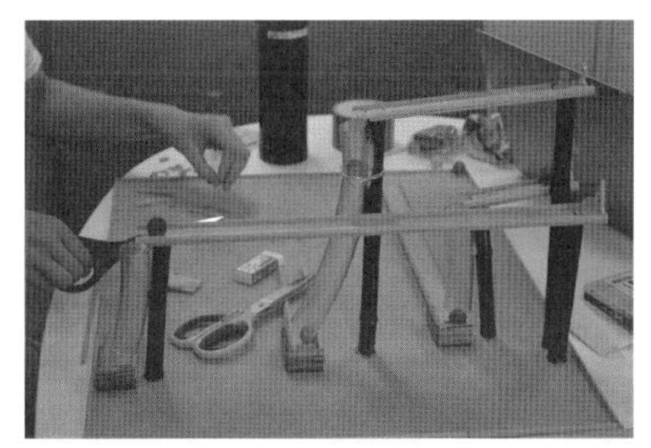
図1　東工大×武蔵野美大「コンセプト・デザイニング」における造形　2022

こではアートに対しクライアントの顔と制作物の機能がより明確に想定されているものをデザインと呼ぶにとどめる。

コンセプト・デザイニング
―工学とアートのステレオタイプ化を超えて

STEAM教育活動の例を挙げてみよう。東工大と武蔵野美術大学は2013年に教育研究交流に関する連携協定を結び、協力して合同授業「コンセプト・デザイニング：異分野造形ワークショップ」を提供している(図1)。一週間の集中型ワークショップで、一つのシンプルなお題から、東工大生とムサビ生の混成チームを作り、コミュニケーションを通してコンセプトを構築しそれを造形で表現する。造形の「うまい、へた」を問うものではなく、異分野融合の場で生成されるアイデアが実体をもつに至るまでの、さまざまな発見、試行錯誤、専門的視野に縛られて見落としがちな大切な何かを、学生たちが協働しながら見つけ、すくいとっていくことを目的とする。両校の学生たちが、どちらかが一方的に教える側・学ぶ側に回ることなく対等な立場で議論し、合意形成とものつくりを実現しプレゼンまでもっていく。お題にはあえて抽象的概念を選び、各学生がそれぞれ得意とする分野から、異なる面にアクセスできるように多面的・多義的なものを選んでいる。過去のお題にはたとえば「数」「オトナとコドモをつなぐもの」「くりかえす」などがある。2022年度は、いわばコロナ禍明けに3年ぶりで実施した回となったが、お題には「ふる・ふれる」を設定した。「振る」「降る」「触れる」など、漢字によっても意味が変わることばであり解釈の余地が大きい。このワークショップは東工大では2単位の大学院専門科目(融合理工学系地球環境共創コース修士課程)であるが、他コースからも履修希望者が多く毎年抽選となる人気授業となっている。一方ムサビからは基本的には全学から学部生が単位外活動として参加し、学年も所属コースもファインアート系、デザイン系両方を含みたいへん多様である。2022年で10周年を迎え、2024度からはムサビでも単位化されることが決定している。これまで毎年つぶさに見てきたのは、学生たちが異分野協働の場で、自分の知識、スキルや発想、言わば「自分らしさ」をどう活かしてグループに貢献するかを模索するプロセスである。科学・技術系の学生と美大の学生とでは、当然ながら得意とすることが異なり、お題のとらえ方が異なり、コミュニケーションのスタイルも異なる。強みを活かしてグループワークに貢献し良い発想とものつくりをする姿勢は素晴らしく、短期間のうちに自身を振り返り気付きを得る大きな効果が確認されている[注5)]。興味深いのは学生たちも教員たちも「何が強みか」を強く意識しており、学生たちの多くが「ステレオタイプな行動や発言」への期待に応えようとするふしがあることだ。たとえば東工大生であれば、造形の場面で機材の操作などでリードしようとするのは当然のことながら、議論においても論理構成、根拠となるデータの数値化などに「あえて」こだわってみせる。美大生が見せる豊かなアート的表現については「かっこいい」「感動する」と称賛しつつも「数的に評価できないから良し悪しがわからない」などと、興味をもちながらも距離を置こうとする防御的姿勢も見られたりする。

ワークショップではチームで議論と制作に入る前に、科学技術、アート、デザイン、それらをつなぐコミュニケーションそれぞれの分野から講義形式で情報が提供されるが、「ふる・ふれる」をお題としたこの回の最先端科学技術情報としては製鉄とサステナビリティの問題が取り上げられた(東工大物質理工学院須佐匡裕教授による講演「ふる・ふれる　―カーボンニュートラルと鉄鋼ー」)。製鉄の基本的しくみについての説明後、脱炭素化の社会要請にどう応えるか、水素製造、他クリーンエネルギーを用いた製造の可能性などについて情報が共有された。それらの情報を議論と制作にどう用いるかについては教員側から指定していないが、最終日の講評会にてプレゼンテーションを行った5グループの作品のうち2点（解釈によっては3点）が明らかに「鉄」からインスピレーションを受けていた。とくに最優秀賞を獲得した作品を紹介すると、ジャンルとしてはパフォーマンスアート仕立てとなっており、「あるアート作品を公開展示する記念式典」がメタ的に演じられ、展示された美術品として「鉄」のオブジェが披露された（図2）。

このオブジェは実際は透明アクリル台の上に置かれていたのだが設定上「触れて」いない、浮いている、と紹介され「浮くはずのない鉄が浮いている」ように見える。チームが編み出したコンセプトは「魅力的な崩壊」であり、コロナ禍を通して人々の既成概念が壊れ、事実、常識、権威、手続きなど、当たり前だったものが別の価値へとすり替わっていくポテンシャルと危険性までも読み取ることができる[注6]。

Hacking Hearts ― 科学を演じることの効用

この授業の受講生の様子がここ数年、少し変化

図2　「コンセプト・デザイニング」最終プレゼンでのパフォーマンス　2022

してきているように思う。以前は自分たちと美大生の「差異」を強調し、自分たちらしさをより発揮する予定調和的傾向が強かったが、最近は少数ではあるが、「せっかくの機会だから」と、アーティストのようなふるまいを見せる学生も目に付くようになっている。東工大が力を入れているリベラルアーツ教育の成果もあってか、ベースとなる人文社会科学分野の知識が強化され、以前と比べれば柔軟性が高くなってきているのかもしれないし、もともと科学・技術にもアートにも自信のあるダ・ヴィンチ的なキャラクターが臆さずにハイブリッドな自分を出せるようになってきたのかもしれない。あるいは美大生との協働という異質な状況に置かれる1週間だけ、いつもの自分ではない自分をなかば「演じて」みることで自分をとき放とうとする、そんな遊び心のある試みなのかもしれない。そうした「演じる」ことの効用、パフォーマンス効果が参加者に大きなインパクトをもたらすことに、私は毎年目をみはり、ことさらに注目している。

こうしたパフォーマンス効果を創出するSTEAM教育の現場についてもう少し紹介しよう。世界のアート／デザインランキングで毎年1,2を争う美術大学であるロンドン芸術大学セントラル・セント・マーチンズ校（英国）と東工大は、2019年に学術交流協定締結を結んで本格的な連携に乗り出しているが、ここでは同年に実施した学際的教育プロジェクト"Hacking Hearts"（心臓をハックする）にフォーカスして見ていくことにしたい。これもコンセプト・デザイニングと同様に両校が連携するワークショップだが、美大で科学者とアーティストが共に活動するScientist in Residenceスキーム をベースに実施されている（図3、4）。ロンドンの美大キャンパスに東工大の工学研究者と人文社会系研究者が1週間ほど在駐し、美大生とセッションして彼らのアート制作に関与するものである。ワークショップの設計にパフォーマティビティ（演劇性）の要素を意図的に

持ち込み、アート系・デザイン系の学生と科学者らとの「ステージ上の出会い」を通じてパフォーマティブな要素を創り出していることが特徴である。ここで言うパフォーマティビティの概念は、発話行為理論やポストヒューマニズム論に基づき、「あることを言ったりしたりすることによって何かの事態をもたらす力」のことである[注7)]。例えば、結婚の誓いの言葉や宣戦布告、待ち合わせ時間の約束などがわかりやすいだろう。定型的・特長的なセリフを言うことにより現実が生成される言語行為の仕組みである。これが機能するには、適切な場づくり、つまり環境、装置を丁寧に操作し設定すること、すなわち儀式化が要る。具体的には、ここでは美大生たちが科学実験室において科学者とインタラクションを持ちつつ最終的にはアート的造形表現をすることで、「科学的行為を体験し創発を得て出力する」までの一連のプロセスを体験する。この非日常的な場において、科学者のようにふるまい、語るパフォーマンスが効果を持つのである。

図3　東工大×ロンドン芸大CSM　Hacking Hearts ワークショップ 2019

超学際をどう実現するか

近年、共創や学際・超学際のコンセプトがあらためて注目されている。それぞれ意味するところは微妙に異なるが、ディシプリンの枠にとらわれず高次の問いに取り組むことが共通している。たとえば東工大の環境・社会理工学院融合理工学系においてはグローバルな視点と俯瞰力、コミュニケーション力を持つエンジニアや科学者を育成するべく、学際的な研究・教育を推進している。とは言え、専門分野間には必ずや手法や文化にずれがあり、チームで協働することは見かけほど容易でない。どうすれば、異なる分野・文化が出会う場で距離感にシラケることなく、相手の強みに

表1　Hacking Heartsワークショップ概要

テーマ	人工心臓とエネルギーハーベスティング
日時	2019年11月3-8日 5日間　最終日に公開で成果発表会
会場	ロンドン芸術大学セントラル・セント・マーチンズ校(CSM)キャンパス@Kings Cross
参加学生	CSM　デザイン系／アート系分野専攻学院生12名(専攻はアート&サイエンス、家具デザイン、グラフィックコミュニケーションデザイン、インダストリアルデザイン、ジュエリーデザイン、パフォーマンスデザイン&プラクティスから)
ワークショップ企画実施	CSMアーティストが全体統括、デザイナーが企画実施協力
科学情報提供	①ロンドン大学クイーン・メアリー校(Queen Mary)研究者1名(生物工学) ・心臓病の予防と治療のためのバイオテクノロジー研究、特に心臓の筋肉の硬さを測定する方法について、剛性や形状など特定のパラメータを検査する簡略化したシステムを使って紹介 ②東工大研究者2名(機械工学・翻訳学各1名) ・機械工学者が、人工心臓ポンプを動かすために人体に埋め込むエネルギー収穫システムに関する研究について紹介 ・記号間翻訳学研究者がワークショップ全過程のコミュニケーションを記録・観察。後日分析と参加者インタビュー等を担当

敬意を払いつつ互いを「試しに演じてみる」空間が確立できるのか。その一つの答えが、互いの持つコンテンツを共に検討しバラバラにしたうえで再構築を試みる、手段としての「hacking ハッキング：分解し理解し直す」[注4)]の行為にあると考えている。科学は理論的、実証的、厳密な手続きを踏んで「事実」を認定して積み上げ、グレーゾーンを消していくものであり、一方アートには独自の手法を用いて人の持つグレーな部分、社会のノイズのようなものも拾い上げ造形において取り込む主体的な姿勢があると思う。どちらもものごとを追求する方法論なのだが、科学がある事象にフォーカスし切り取るのに対し、アートはできあがった切り取り方、言わば「当たり前」に対して「それでいいのか」「オルタナティブはないのか」と、再定義、再発見を促していく傾向が強い。この「問い直しとしてのアート思考」というところに目をつけて利用し、「当たり前」を問い直すのが「ハッキング」である。近年はハッカソンという用語を耳にすることが増えたが、アプリなどのプロダクトデザインについて短期間で集中して議論し改良するイベントを指すことが多く、本来のハッキングの意味が意識されることは少ないのではないか。

このワークショップでは、最終形態として科学的コンテンツはアート的作品とプレゼンテーションに変換（翻訳）されていく（図5）。最先端の科学的研究コンテンツを専門家が美大生に対し平易な言語と、より感覚的メディアを駆使して伝えるサイエンスコミュニケーションから始まり、彼らは科学者の立場に立ってみることを試みた上で、自分たち独自の知識や視点をベースに徐々に社会的、倫理的、哲学的な側面を探っていく。試行錯誤、議論と質疑応答を繰り返すことでハッキングは進み科学的コンテンツは再解釈され、異なるアイデアや提案、問いへと「翻訳」されていく[注8)]。　さらに細部を見て行こう。CSMの美大生たちは心筋細胞とその病気、エネルギー生成、細胞センシングなどに関する最先端の研究コンテンツに触れ、それらの刺激をもとに構築したオリジナルなコンセプトからプロトタイプ制作をするよう求められる。科学者側は、画像（心臓の細胞）、音源（心臓の鼓動）、物理モデル（人工臓器用の内部エネルギー収穫装置）などを駆使して研究内容を紹介していった。これは非専門家を対象とするサイエンスコミュニケーションであることを十分に意識し専門用語をある程度避けビジュアルと体験型デモンストレーションを用いた伝達手法をとっている。

図4　Hacking Hearts　科学者とコラボするアート／デザイン学生たち　2019

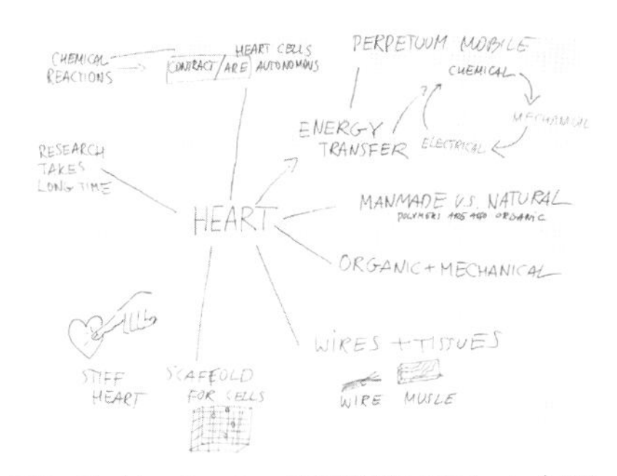

図5　Hacking Hearts　科学的情報からアート／デザインへの変換の記録（CSM学生による）　2019

事前にスタッフ間でリハーサルをし、わかりやすさや非専門家が受けるかもしれないインパクトについても検討していることが特徴として挙げられる。それを受け学生たちは、臆せず質問をしたりメモを取ったり（しばしば落書きも）しながら、細部より研究内容の大枠のストーリーラインをつかもうとする。次は、その内容を自分なりに消化し、それぞれの領域、興味関心に惹きつけ異記号間的に翻訳するフェーズが待っている。一方でワークショップの一部始終は、エスノグラフィー（参与観察）手法による記述、録画、協力者によるグラフィックアノテーション（画像注釈）、スケッチ等によって記録され、コミュニケーションや行動の特徴が事後に分析された。さらには参加学生たちに半構造化インタビューに協力してもらい質的分析を行うことで、彼らが何を理解したか、それらをどう解釈したかなど、プロセスの実態の一部が浮かび上がっている。とくに翻訳学と社会科学の視点から、参加者がどのように「科学技術パフォーマンスからアート制作へ」のマインドセットの変化を体験したかが興味深い。

リフレクションとしての演劇

観察された多くの事象の中でも、とくに前述のパフォーマティビティ（演劇性）には大きな意義が見出だされる。参加した美大生は毎日、ワークショップ会場のGrow Lab実験室に到着すると、「科学者コミュニティの一員のように」ふるまうことが求められた。たとえばロッカールームで白衣を着用し、手を洗う（コロナ禍勃発の前であり、これは通常の美大での活動前には義務付けされておらず慣例外の行為だった）。Grow Labは美大キャンパス内にありながら、微生物学や無菌作業もできるContainment Level 1の生物学実験室である。いわゆる「理科室」の内実とスタイルを備えていて机や椅子、キャビネットなども彼らが普段使うアート制作室とは明確に異なる。入った瞬間に空気の色が切り替わる。「他者になってみる」上でこれ以上効果的な舞台があるだろうか。初日は、白衣着用や手洗いのルーティンにくすくす照れ笑いをする風景も見られたが、日が経つにつれてそれらはルーティン化し自然な儀式となり、普段の美大モードから科学プロトコルへの心理的変換のトリガーとして作用していたと思われる。たとえば能楽堂で言えば更衣室がバックステージとして機能し、現実の日常（キャンパスライフ）とバーチャル（科学実験室）の間の橋渡しとなったのではないか[注8)]。「科学者のようにふるまう」ことは、たとえば科学者から聴いたばかりのボキャブラリーを真似て使用することをも促してくれる。「真似る」ことは自分自身を表現する方法・手段を拡張させ、何か異質なものとの出会いをファシリテートしてくれるのだ。こうした意味で演劇性が学際的な対話のハードルを下げ、可能にすると言っても過言ではない。ゴフマンが主張したドラマトゥルギーの観点からすると、場や環境は「舞台装置」として行動に影響する。人の行為は社会という舞台で「上演されること」で形づくられている。たとえば科学者たちは現実の研究生活において「事実の科学的客観性」に価値を置き、それを軸にチームメンバーの行動パターン、使用するテクニカルな言語、実験手順などを作り上げている。学問としての科学の「ハビトゥス」（社会的習慣）がそこにある[注9)]。こうした行動パターンはアートの現場で「理系っぽい」として時に尊敬を集め、同時に揶揄されることもあり、しばしば他との境界として強く認識されているが、「ハッキング」と「演技」はこの境界を破壊し越えることへの挑戦でもあるのだ。「美大生と科学技術研究者」という既存の役割分担の構図と行動パターンをしばしかく乱する試みだったのだと思う。

パターン破壊の先にあるもの
—創造的なドラマを楽しむ

さて、2日から3日目にかけて、科学を擬態することでコンテンツを理解するフェーズから、学生たちは厳格な科学的要件に縛られることなく、自分の感性が共鳴する側面－しばしば個人的、主観的、感性的側面－に焦点を当てて、主体的な探究を開始していく。つけていた科学者のペルソナを徐々に脱ぎ捨て、知識の受け手から、批判的に問い直すコメンテーターへとシフトしていったわけである。最初のフェーズではひたすらコンテンツを理解するための質問ばかりだったが、それらの科学研究の意義、必然性、正当性についての問いへと疑問は変化していった。動物を用いた実験、また人体に人工機材を持ち込む機械化について倫理的な問いが提起された場面があった。若いアーティストたちと科学者たちの間に、研究者倫理のプロトコルと現実、理想と実践、医学的ニーズとのバランスについて熱く内省的な議論が起こった。この議論は、「倫理」という概念が、研究者が軸とする研究水準の確保や教育コードの遵守を超えて、個人の価値観において多彩な意味を持ちうることを示唆している。何らかの合意には至らないまでも、互いのスタンスを切り捨てないことのメタ的重要性が人文社会研究者たちによるファシリテータのサポートを通じて確認された。激高したかに見えた美大生も、異領域間で議論し互いのスタンスについて理解を進めることの重要性を認め、後日のインタビューにおいて「議論には自分の過去と現在を内省させ次へ進ませる意味があった」と発言している。グループ討論を続けるうちに、科学者たちの役割は知識提供者からアドバイザー、ひいてはコラボレータへと変化し、それとともに学生たちは、自分たちの解釈を伝え助言をもらうべく、堂々と対等な立場で対話をするようになる(図6)。

図6　Hacking Hearts　マテリアル言語を用いて進んでいく議論　2019

最終アウトプットとして、学生たちは新たなコンセプト、問いかけを表現する造形作品を発表した。ワークショップの最後を飾る、一般参加型の公開シンポジウムは会場が満員となり、STEAM活動へ興味と期待の高さが伺われた。お題としての科学情報の簡単な紹介と、それへのレスポンスとしての作品群が紹介され、さらなる議論の場となった。このフェーズでの学生たちは、クリエイターであるとともにサイエンスハッカーであり、科学コンテンツの主体的な解釈を来場者に伝えるコミュニケーターでもあり、これら複数の役割を発表会というもうひとつの「舞台」で果たすこととなった。たとえば、人工臓器のオルタナティブとしてスペキュラティブな手法で考案された植物と人のハイブリッド生物、異なる条件下で心臓細胞の可変弾性を示す新しい小道具など、クリエイティブな解釈と造形がアウトプットとして提出された。また、人工心臓が心音を発しない点に注目したグループは、異なる健康状態にある心臓を見極め仕分けしていくスキルの使い方をテーマにした映像作品を制作し反響を呼んだ。この映像作品は心音を効果的に利用して、人のアイデンティティと差異、天然であることと人工であること、有機と無機について、人に問いかける秀作となっている。

さて、詳細を紹介したこのSTEAM活動は、すでに各人の中に確立された異なる習慣、文化を持ち寄った上で、「他者のように考える」ことで、自分の世界から一歩踏み出すサードスペース構築の好例であると思う。どんなに真似をしてもそれは借りものであり、互いの文化環境を真に行き来することには無理がある。まずは他人の懐に飛び込んで「真似」「演技」から入らない限り、いい大人が異質性を体験するのは難しい。そして、何らかのフレッシュな情報を受け取った上で、それを解釈し問い直し、自分のものにするのは他者ではなく、やはり「自分自身の力仕事」なのだ。いったんは科学者のペルソナ(面)をつけても、深い考察のためにはそれをはずして自分の知、スキルを総動員するフェースに戻らなければならない。ここで紹介した、丁寧に設計されキュレーションされた場と構成(機材や実験、儀式やプロトコル、役割や小道具などを含む)の演劇的設定によって生み出されるパフォーマティビティは、科学的な刺戟を機に、何ともクリエイティブなレスポンスを引き起こすのだ。新しく出会う事象を、お祭りのようにお面をつけてハッキングし、自分の中に取り込み、自分なりの物語に変換していくプロセスは、人間らしい「翻訳」行為である。まるで黒船に出会った当時の日本人が、歴史の動きを見越したかのように次から次へと欧文を翻訳し日本文化に取り込みふくらませていったように、科学にも他と出会ったときに互いをさらに豊かにするポテンシャルがある。こんなにダイナミックで面白いドラマを、大人たちが一緒に創り上げていけるような、心理的、時間的、経済的余裕が人生100年時代にはあればよい、と思う。このドラマは、自分自身をどうとらえるか、という自己ナラティブと言い換えることもできる。大学をはじめとする高等教育機関のこれからの役割は、若者の育成だけでなく、そうしたニーズに応え…というよりも、そうしたニーズの洗い出し、創出も含めて、自己を「ハイブリッド化」し翻訳し直していくナラティブ作りのプラットフォームを提供してくことなのではないか、と思っている。演劇であれば、いつでも最後は元の自分に戻ってくることができる。けれど、演劇性を持たない、固定された思考には、他者の目で世界と自分自身を客体化してみる遊び心が育たない。東工大サテライトラボSTADHI(Science/Technology+Art/Design環境・社会理工学院)を軸にこうした試みを展開しているが、もしかすると、このような異分野協働プラットフォームこそが、回りまわって創造的思考と実践、ひいては産業イノベーションなどにつながるのではないか…などと思いを馳せている。

謝辞
本稿で紹介した活動のうちScientist in Residenceは現在東京工業大学国際先駆研究機構World Research Hub (WRH) プログラム、またDaiwa Foundationの助成を受けています。東工大サテライトラボSTADHI関係者、ロンドン芸術大学セントラル・セントマーチンズ校のコミットメント、またコンセプト・デザイニングにおける武蔵野美術大学の長年にわたる協力に御礼を申し上げます。

注

1) Georgette Yakman, "Recognising the A in STEM Education, " *Middle Ground* 16, No. 1,15-16 、2012.
2) David A. Sousa and Tom Pilecki, *From STEM to STEAM: Using Brain-Compatible Strategies to Integrate the Arts*, London: Sage, 2013.
3) 東京工業大学「資史料館とっておきメモ帳 16」、2020
http://www. cent. titech. ac. jp/DL/DL_Publications_Archives/treasured_memo160.pdf
4) Betti Marenko, Heather Barnette, Kayoko Nohara, Ulrike Oberlack, Hiroshi Tsuda, *Becoming Hybrid: Transdisciplinarity at The Crossover of Science and Technology and Art and Design*, Tokyo Institute of Technology, 2019.
5) Kayoko Nohara, Michael Norton and Eriko

Kawano, “Imparting Soft Skills and Creativity in University Engineering Education through a Concept Designing Short Course. ” *International Journal of Engineering Education*, Vol. 33, No. 2 (A) ,pp.538-547, 2017.

6) 野原佳代子「互いの専門性をトリガーとして、新しいアイデアに出会うために —STEAM教育の現場から—」Modern Times 2023.11.6

7) John L. Austin, *How to Do Things with Words*. Oxford: Clarendon Press, 1962.

8) Kayoko Nohara, Betti Marenko, Giorgio Salani, "Hacking Hearts: Establishing a Dialogue in Art/Science Education" *Leonardo*, Vol. 56, No. 1, pp.98-103, 2023.

9) Pierre Bourdieu, *Outline of a Theory of Practice*. Cambridge Univ. Press, 1977.

参考文献

・Ervin Goffman, *The Presentation of Self in Everyday Life*. Edinburgh: Bateman Press, 1959.

・Judith Butler, “Performative Acts and Gender Constitution: An Essay in Phenomenology and Feminist Theory ” *The Theatre Journal*,1988

・経産省
https://www.meti. go. jp/policy/kisoryoku/

・ルーシー・アレキサンダー、ティモシー・ミーラ著、野原佳代子 監訳、倉地三奈子 翻訳 『世界最高峰の美術大学セントラル・セント・マーチンズで学ぶデザイン・アートの基礎課程』ピー・エヌ・エヌ 2022

おわりに

本書籍の議論は、2019年から3年間続いた「人生100年時代の都市・インフラ学」という東京工業大学の産学協働プログラムをきっかけにはじまったものです。この産学協働の取り組みは、日本の都市開発、不動産、建設、まちづくりを牽引する20を超える民間企業が参加するものであり、東工大の多様な分野を専門とする教員とワークショップ形式で、人生100年時代を契機とした個人や社会の変化とこれからの都市の向かう先を話し合うものでした。今回の書籍は、ここでの議論を統括し、事例調査を加え、あらためて何を社会に発信すべきかを検討しなおした成果です。このため原稿の節々から、「人生100年時代の都市デザイン」という簡単には結論の出せない「問い」に対する、大学教員、専門家、学生、企業関係者、実践者など100名を超える人々の思考を垣間見ることができるのではないかと思っております。

この3年間を振り返ってみると、私たちの「人生100年時代の都市」の議論を突き動かしてきたことの一つに、現代の都市計画や都市デザインに対する危機感があったと思い返されます。グレートアクセラレーションの時代にあって、明らかに次の新しい時代がすぐそこにまで到来してきているのに、日本の都市計画は少しの修正や変更しか繰り返せず、次の再開発の用地を血眼になって探している。データサイエンスとAIの発展(DSAI)に振り落とされないように対応することに精いっぱいで、豊かな暮らしを根底から問い直すことを忘れてしまっている。いやむしろグローバリゼーションの波に乗った大資本が作り出す価値観に振り回されている。そして、地球環境が危機的状況にあることに気付きながらもその状況に順応し、自分の力では変えられない遠い出来事のように静観してしまっている。そのような状況を反省的に振り返り、新しい発想で都市を大きく変革しなければならないという想いが、本書のパラダイムシフトに関する議論を突き動かしてきました。

一方で、実際の議論内容を精査してみると、都市や都市デザインの変革の方向性自体を話し合うことよりも、ヒトの変わらない性質や特性についての議論に多くの時間を割いたことに気づかされます(この気づきは、シンポジウム基調講演者の蓑原敬先生のご講演と対話から大きなインスピレーションを頂いたものです)。そもそも、人生100年時代の都市デザインを議論するにあたり私たちが当初から拠り所にしていたのが「豊かさ」というものでした。副題にもなっているソーシャルインフラは、あらゆる人の豊かさを支えるというメッセージが込められたものであり、「豊かさ」の議論無くして本書は成り立っていません。そして、ヒトがいつの時代においても追及する「豊かさ」を議論していくなかで確かめられたことが二つあります。一つが、私たちヒトは社会的な生き物であるということ、そして二つ目が私たちヒトは自然生態系の一員であるということです。どちらも当たり前のことだと思われるかもしれませんが、このことをあらためて自覚し直したことで、人生100年時代のソーシャルインフラを考えるための大切な視座を獲得することができました。

すなわち、わたしたちの人生がどのように広がっていくとしても、ヒトは決して個人として自立した存在ではなく、共同体内の存在として社会の中で生き続けるという気づきです。私たちは、家族、友人、他者がいて、お互いに世話をし合い、学び合い、干渉しあうことで人生を歩むことができます。ヒトは、直接的・間接的に支え合いながら生き続ける生物であり、そして私たちの感じる「豊かさ」の大きな源泉の一つは、この共同体とのつながりです。この文脈のうえで、人生100年時代に想定されるライフシフトという事象は、個人と共同体のかかわり方や相互干渉のリズムに変化をもたらすことだと理解されます。人生100年時代は、社会的に拘束される労働期間の柔軟性、学びと教えのサイクル、老後に世話をしてもらう程度や期間を再考させます。それは決して共同体内としてのヒトの存在を否定するものではなく、むしろ多様な共同体のあり方を創造し、多層に重なり合う共同体と自身とのかかわり方を志向させる契機となるものです。

また、わたしたちは100年先の未来にあっても、この地球での人生を歩み続ける限りは、自然生態系の枠組みからは逃れられることはできません。しかし、この自然生態系もまた、ただの制約ではなく、ヒトに「豊かさ」と創造力をもたらす源泉となります。いま、自宅の庭から始まって、河川や生きた森、都市の形態、都市と農村の関係性などが問い直されはじめています。人生100年時代の都市の将来像として意識されるものは、自然に囲まれた生活環境だけでなく、自然生態系そのものの持続的なあり方です。都市という閉じた領域だけでなく、都市を取り囲む自然生態系までも対象とすることが、未来の都市デザインに確実に求められることとなるでしょう。

もちろん、本書籍のなかだけでは議論することのできなかった課題はまだまだ山積しています。今後も継続して、人生100年時代の都市デザインの変革の向かう先とその変革の仕方を思考すること、そしてそのためにも都市や地方で少しずつ生まれる変革へのうねりを観察し、学び、次なる実践へとつなげる必要があると思っております。

さて、本書は、30名を超える執筆者が参加して、全国各地の先進的な活動事例をまとめたものであり、その出版にあたっては、非常に多くの関係者の皆様のご支援を頂いております。まず、企画当初から執筆の方向性を、時に厳しく、時に暖かくご指南いただいた、学芸出版社の岩切江津子様にお礼を申し上げます。岩切様に辛抱強く的確なコメントをしていただくことがなければ、本企画は実現しませんでした。また、発刊にあたっては、学芸出版社の岩﨑健一郎様の多大なサポートを頂きました。お二方の多大なご尽力に大変感謝しております。大学教員、学生、企業の方々の窓口となり、実務的サポートだけでなく、精神的な懸け橋となってくださったのが、清原康代様です。本来の業務を超えた清原様のホスピタリティが、私たちをつなぎ合わせ一つの書籍へと結実させることを可能としてくださりました。また、産学協働プログラムの創設時から辛抱強くサポートをしてくださった大学関係者の皆様に大変感謝しております。

最後に、本書籍の活動事例をご紹介くださった企業関係者の皆様、フィールドでの聞き取り調査にご協力くださった関係者の皆様に深く御礼を申し上げます。皆様方が単に活動事例を紹介してくださるだけでなく、共に人生100年時代の都市デザインを考えてくださったことが、私たちの思考を広げ深めることにつながりました。マイクロ・イニシアチブを探索するという本書のアプローチが可能となったのは、皆様との対話があったために他なりません。

人生100時代の都市に求められることは、変化への対応の繰り返しではなく、豊かな未来に向けた大きな変革です。変革への道筋を切り拓くことは、時に困難を伴うものですが、私たちは既に、その先に確かな豊かさと疑いのない公正さがあることを知っています。本書籍がこれから人生の大きな一歩を踏み出そうとする変革者を鼓舞し、その歩みの助けになることを切に願っております。

東京工業大学　坂村 圭

執筆者

真野 洋介(まの ようすけ) 担当：はじめに、2章〜5章

東京工業大学環境・社会理工学院建築学系准教授。早稲田大学理工学部建築学科卒業、同大学院博士課程修了、博士(工学)。東京理科大学助手等を経て2003年より現職。専門は都市デザイン、都市再生、住環境。共著書に『まちのゲストハウス考』(学芸出版社)、『復興まちづくりの時代』(建築資料研究社)、『まちづくり教書』(鹿島出版会)ほか。

坂村 圭(さかむら けい) 担当：1章、コラム、おわりに

東京工業大学 環境・社会理工学院准教授。MSc Planning Design and Development, University College London, 東京工業大学大学院社会理工学研究科社会工学専攻博士課程、博士(工学)。北陸先端科学技術大学院先端科学技術研究科助教、東京工業大学特任助教を経て2022年5月より現職。専門は都市計画、まちづくり、環境社会学。東工大産学協働プログラム「人生100年時代の都市・インフラ学」を推進。

中嶋 美年子(なかじま みねこ) 担当：2-1

三菱地所株式会社エリアマネジメント企画部兼コンテンツビジネス創造部統括。NPO法人大丸有エリアマネジメント協会担当。早稲田大学大学院公共経営研究科修了。大丸有エリアのまちづくりに関わり、夏祭りやラジオ体操、エコキッズ探検隊などの就業者コミュニティや街のファンづくりを目的としたイベントを手掛ける。2019年には、街の更なる価値向上と新たなシーンの創出を求め「Marunouchi Street Park」を実施。屋外公共空間の新しい活用を打ち出し注目を集める。

井上 宏(いのうえ ひろし) 担当：2-2

久米設計開発マネジメント本部副本部長兼ソーシャルデザイン室室長。1991年久米設計入社。建築設計部、都市開発ソリューション部を経て現職。フォーシーズンズホテル京都、ヒルトン沖縄北谷リゾート、WACCA IKEUBUKURO、富山市総曲輪西再開発、TOKYU歌舞伎町タワーに従事。

森田 舞(もりた まい) 担当：2-3、2-4

株式会社オカムラワークデザイン研究所所長。2003年入社後、製品企画担当を経て、働き方・働く場に関する研究・効果検証等に携わる。著書に『オフィスはもっと楽しくなる』(プレジデント社)。2022年より現職。博士(工学)、一級建築士。

池田 晃一(いけだ こういち) 担当：2-3、2-4

株式会社オカムラワークデザイン研究所主幹研究員。2002年入社後、研究所にて新しい働き方の研究に従事。2014年、東北大学大学院医学系研究科助教。著書に『はたらく場所が人をつなぐ』『エシカルワークスタイル』(ともに日経BP)がある。博士(工学)。

小松 寛和(こまつ ひろかず) 担当：2-5

鹿島建設株式会社開発事業本部事業部次長。2005年入社。都市計画関連のコンサルとして7年従事した後、不動産開発事業を推進する現部署へ。担当プロジェクトは、勝どきザ・タワー、東京ポートシティ竹芝。現在、東京工業大学田町キャンパス土地活用事業を推進中。

井口 夏菜子(いぐち かなこ) 担当：2-6、5-4

東京工業大学　環境・社会理工学院　学士課程

佐藤 俊輔(さとう しゅんすけ) 担当：2-7

大成建設株式会社クリーンエネルギー・環境事業推進本部企画推進部課長。2004年大成建設株式会社入社。大手町タワーを始め、都市開発プロジェクトの計画・事業推進に従事。その後、社外への出向を経て、現在は再生可能エネルギー事業の推進に従事。

野々部 顕治(ののべ けんじ) 担当：2-8

株式会社アール・アイ・エー名古屋支社設計部長。1980年生まれ。名古屋工業大院建築修了。2006年RIA入社。主に中部圏にて設計活動に従事。学校建築等の公共設計から、福井駅西口や豊橋駅前大通の再開発プロジェクト、さらにはリノベーションなど幅広い設計を行う。湯河原では2017年から企画支援と設計監理を担当。

松本 光史(まつもと みつじ) 担当：3-1

株式会社日本設計執行役員都市計画群長。1996年株式会社日本設計入社。南池袋二丁目A地区、日本橋二丁目地区、新宿駅西口地区等の都心部の都市計画の立案、地方都市の都市計画マスタープラン、立地適正化計画等の立案、本八幡A地区、名古屋錦二丁目7番地区等の再開発事業の事業推進など、計画から事業まで幅広い業務に従事。

田附 遼(たつき りょう) 担当：3-1

株式会社日本設計市計画群上席主管。2010年株式会社日本設計入社。都心部の都市開発プロジェクトを中心に、公有地活用の企画や都市再生安全確保計画の立案などに従事。主な実績として、八重洲二丁目北地区、品川駅北周辺地区、渋谷二丁目西地区、北青山三丁目地区など。

西村 亮(にしむら りょう) 担当：3-1

株式会社日本設計都市計画群主管。2012年株式会社日本設計入社。再開発プロジェクトの計画・事業推進等に従事。担当プロジェクトは、天神一丁目15・16番街区、赤坂七丁目2番地区、川口駅周辺まちづくりビジョンなど。

饗庭 恵(あいば めぐみ) 担当：3-1

株式会社日本設計都市計画群主任技師。2018年株式会社日本設計入社。首都圏の再開発プロジェクトの計画・事業推進に従事。担当プロジェクトは、渋谷宮益坂地区、関内駅前港町地区など。

根津 登志之(ねづ としゆき) 担当：3-2

東急不動産株式会社都市事業ユニット開発企画本部執行役員本部長。1995年3月東京都立大学法学部卒。同年4月東急不動産株式会社入社。戸建用地買収を経て2001年からオフィスビル開発担当。主要実績として東京ポートシティ竹芝、九段会館テラス。

八巻 勝則(やまき かつのり) 担当：3-3、4-1

旭化成ホームズ株式会社商品企画部部長。1995年旭化成ホームズ㈱入社。戸建・賃貸住宅の設計士として従事後、商品開発、事業戦略、LONGLIFE研究を経て現職。

柏木 雄介(かしわぎ ゆうすけ) 担当：3-3、4-1

旭化成ホームズ株式会社くらしノベーション研究所主任研究員。大学院卒業後に、2009年旭化成ホームズ㈱入社。施工担当に従事後、現職。2017年以降、家族の生活研究や防犯研究に従事し、2019年以降はシニアライフ研究、防犯研究を継続して実施。研究成果は論文や調査報告書で公表。

関野 宏行(せきの ひろゆき) 担当：3-4

株式会社佐藤総合計画取締役。1958年東京都生まれ。1980年早稲田大学理工学部建築学科卒業、1980年渡邊建築事務所、1982年佐藤総合計画入社。著書に『策あり！都市再生』(共著、日経BP社、2002年)、受賞に1997年BCS賞特別賞(東京ビッグサイト)、2010年日本建築学会賞業績(早稲田大学大隈講堂)など。

吉田 朋史(よしだ ともふみ) 担当：3-4

株式会社佐藤総合計画東京第1オフィス主任担当。1984年福島県生まれ。2007年宮城大学事業構想学部卒業、2009年東北大学大学院工学研究科修了後、佐藤総合計画入社。著書に『ほんものづくり』(共著、建築ジャーナル、2014年)、受賞に2022年BCS賞(東京都公文書館)など。

松井 雄太(まつい ゆうた) 担当：3-5

東京工業大学　環境・社会理工学院　修士課程

渡邊 岳(わたなべ たかし) 担当：3-7

株式会社アール・アイ・エー東京本社計画副本部長。1972年生まれ。早稲田大院建築修了。1997年RIA入社。東京・東北にてまちづくり・再開発の調査やコーディネート等に従事。酒田中町三丁目・(秋田市)中通一丁目等の再開発実績をもとに現在は主に東京にて活動。酒田駅前では2014年から企画推進を担当。

橘 佑季(たちばな ゆき) 担当：4-2

(株)アバンアソシエイツ計画本部部長(出向元：鹿島建設株式会社)。2007年鹿島建設入社。2015年同社建築設計本部チーフアーキテクト。2023年アバンアソシエイツ計画本部部長。京王百貨店新宿ビル改修、イケア仙台、千葉商科大学付属高等学校の建築設計を担当。

土田哲彰(つちだ てつあき) 担当：4-3

森ビル株式会社管理事業部事業企画部事業企画グループ。

菅野 俊暢(かんの としのぶ) 担当：4-4、5-7

東京工業大学　環境・社会理工学院　学士課程

山口 健児(やまぐち けんじ) 担当：4-5

株式会社佐藤総合計画東京第1オフィスグループリーダー。1977年福岡県生まれ。2002年東京工業大学工学部建築学科卒業、2004年同大学大学院総合理工学研究科人間環境システム専攻修了後、佐藤総合計画入社。

村上 拓也(むらかみ たくや) 担当：4-6

大成建設株式会社都市開発本部新事業推進部課長。2016年より西新宿のエリアマネジメントに関わり、道路空間や公開空地等のオープンスペース利活用に関する社会実験を推進。現在は、まちづくりのDXをテーマに、都市開発実務者の立場から都市のデジタルツイン実装、自動運転PJなどに注力している。『新都市』令和3年第75巻に論文掲載。

中込 昭彦(なかごみ あきひこ) 担当：4-7、5-8

株式会社大林組本社環境経営統括室企画部部長。1991年大林組入社。「関西国際空港　旅客ターミナルビル」や「東京国際フォーラム」などの大規模物件の施工に携わる。長年にわたり建築職の人事全般および人材育成の責任者を務め、環境経営統括室にて環境課題へ対応した経営戦略の企画・立案を行う。

坂田 尚子(さかた なおこ) 担当：5-8

株式会社大林組本社営業総本部木造・木質推進部、設計本部設計品質管理部部長。1988年大林組入社。建築設計(意匠)で実施設計を多数担当。2017年「森林と共に生きる街『LOOP50』建設構想」を企画・設計し、「ウッドデザイン賞」2019奨励賞(審査委員長賞)を受賞。大林組の木造・木質化推進に当初より従事し、技術開発、高層純木造耐火建築物「Port Plus」他多数の木造建築プロジェクトに関わる。

宮﨑 貴弘(みやざき たかひろ) 担当：4-7、5-8

株式会社大林組本社建築本部本部長室人事企画部人事企画課主任。2016年大林組入社。建築職として開発事業部門などに携わった後、現在建築職の採用ほか人事企画を担当。

小永井 あかり(こながい あかり) 担当：5-1

東京工業大学　環境・社会理工学院　学士課程

大森 文彦(おおもり ふみひこ) 担当：5-2

東京工業大学 環境・社会理工学院建築学系准教授。東京大学大学院工学系研究科都市工学専攻修了、博士(工学)。東急㈱にて商業施設・住宅開発、市街再開発、鉄道沿線のまちづくり企画等に従事し、2022年より現職。専門は都市計画史、交通とまちづくり、エリアリノベーション等。

田中 虎次郎(たなか こじろう) 担当：5-3

東京工業大学　環境・社会理工学院　修士課程

丸地 優(まるち ゆう) 担当：5-3

東京工業大学　環境・社会理工学院　修士課程

原口 尚也(はらぐち　ひさや) 担当：5-5

株式会社アール・アイ・エー東京本社開発企画副本部長。1962年生まれ。東京理科大建築卒。1986年RIA入社。東京・名古屋にて設計活動に従事。主な実績として、JALビルディング・ナビオス横浜・二子玉川RISE・千葉県香取合同庁舎・富士山三島東急ホテル。東岡崎では設計統括として関与。

橋本 守(はしもと まもる) 担当：5-6

西松建設株式会社地域環境ソリューション事業本部事業創生部部長。1999年西松建設株式会社入社。主に首都圏の土木現場で施工管理業務に従事。途中、土木設計部、経営企画部にも所属。2023年4月から地域環境ソリューション事業本部の事業創生部で再エネ事業の創生を担当、現在に至る。

中井 検裕(なかい のりひろ) 担当：6-1

東京工業大学名誉教授。1986年東京工業大学大学院理工学研究科博士課程満期退学、博士(工学)。London School of Economics and Political Science研究助手、東京大学助手、東京工業大学助教授などを経て2002年より東京工業大学教授。同大学 環境・社会理工学院長(2018-2021)。専門は都市計画。主な著書に『都市計画の構造転換』(共著、日本都市計画学会編、鹿島出版会、2021年)、『復興・陸前高田：ゼロからのまちづくり』(共著、鹿島出版会、2022年)など。

浅輪 貴史(あさわ たかし) 担当：6-2

東京工業大学環境・社会理工学院准教授。2003年3月・東京工業大学博士課程修了・博士(工学)。東京工業大学助手等を経て2008年10月より現職。放送大学客員准教授。専門は建築・都市環境工学、熱環境等。共著書に『環境を可視化する技術と応用』(放送大学教育振興会)等。

鼎 信次郎(かなえ しんじろう) 担当：6-3

東京工業大学環境・社会理工学院土木・環境工学系教授。東京大学大学院工学系研究科社会基盤工学専攻修了。博士(工学)。東京大学生産技術研究所准教授などを経て2013年より現職。専門は水循環・水資源、水災害、河川計画、地球環境変動等。

室町 泰徳(むろまち やすのり) 担当：6-4

東京工業大学 環境・社会理工学院教授。東京大学工学系研究科都市工学専攻修士課程修了、博士(工学)。東京大学 助手、同大学講師、フィリピン大学交通研究センター客員教授、東京工業大学准教授などを経て2023年より現職。専門は交通計画・都市計画・気候変動。編著書に『運輸部門の気候変動対策』(成山堂 2021)等。

野原 佳代子(のはら かよこ) 担当：6-5

東京工業大学環境・社会理工学院教授。オックスフォード大学にて学士・修士号(歴史学)、同大にて博士号(翻訳学)。専門は言語学・翻訳学・サイエンスコミュニケーション。東工大サテライトラボSTADHI主宰、サイエンス／テクノロジーとアート／デザイン融合を推進。『ディスカッションから学ぶ翻訳学』(三省堂2014)、Translating Popular Fiction: Embracing Otherness in Japanese Translation (Peter Lang, Oxford 2018)等。

執筆協力者

中尾 俊幸(なかお としゆき) 担当：2-8、3-7、5-5

株式会社アール・アイ・エー東京本社開発企画本部長(東工大産学協働プログラム参画)。1975年生まれ。京都大建築卒。東京大院都市工修了。2000年RIA入社。芝浦工大非常勤講師。国内の都市開発の企画・コーディネート等に従事。主な実績に、銀座六丁目・武蔵小山・小岩・大泉学園等の再開発プロジェクト。

永野 敏幸(ながの としゆき) 担当：3-1、4-5

株式会社佐藤総合計画PCMオフィス上席主任担当
1985年鹿児島県生まれ。2008年東京工業大学工学部建築学科卒業、2010年同大学大学院理工学研究科建築学専攻修了後、佐藤総合計画入社。

岡野 颯馬(おかの そうま)

東京工業大学　環境・社会理工学院　修士課程

鳥居 由然(とりい　ゆうぜん)

東京工業大学　環境・社会理工学院　修士課程

新倉 優弥(にいくら ゆうや)

東京工業大学　環境・社会理工学院　修士課程

村上 優月(むらかみ ゆづき)

東京工業大学　環境・社会理工学院　修士課程

人生100年時代の都市デザイン

豊かなライフシーンをつくるソーシャルインフラ

2024年3月31日　第1版第1刷発行

編著者……坂村圭・真野洋介

発行者……井口 夏実

発行所……株式会社学芸出版社
京都市下京区木津屋橋通西洞院東入
電話075-343-0811　〒600-8216
http://www.gakugei-pub.jp
Email　info@gakugei-pub.jp

編集担当……岩切江津子・岩﨑健一郎

装　丁……和田昭一（Pass CO.,LTD）

DTP……（株）フルハウス

印刷・製本……シナノパブリッシングプレス

ISBN978-4-7615-2884-3

好評既刊書籍のご案内

超高齢社会のまちづくり

地域包括ケアと自己実現の居場所づくり

後藤純 著

A5 判・188 頁・本体 2300 円＋税

人生 100 年時代、そこそこのお金をもち、元気か、簡単な支援で自律できる高齢者が 9 割を占める。彼らの居場所は施設ではなくまちだ。不安を解消し、生活を楽しめるように支えるまちづくりが進めば、高齢社会＝負担増という図式が変わる。出かけやすく、自身の居場所がつくれ、自己実現ができるまちは、日本が切り拓く世界の未来だ。

みんなの社会的処方

人のつながりで元気になれる地域をつくる

西智弘 編著／岩瀬翔・西上ありさ・守本陽一・稲庭彩和子・石井麗子・藤岡聡子・福島沙紀 著

四六判・256 頁・本体 2000 円＋税

孤立という病に対し薬ではなく地域の人のつながりを処方する「社会的処方」。日本での実践はまだ始まったばかりだ。いま孤立しているかどうかや、病気や障がいの有無、年齢に関わらず、「誰もが暮らしているだけで自分の生き方を実現できるまち」をどうつくるか。世界と日本の取り組みに学び、これからのビジョンを示す一冊。

認知症にやさしい健康まちづくりガイドブック

地域共生社会に向けた 15 の視点

今中雄一 編著

A5 判・188 頁・本体 3000 円＋税

認知症の当事者やその周辺で支える人たちにとって安心なまちは、どうすれば実現できるだろうか。本書では、医療や介護の視点にとどまらず、人権や年金などの社会保障、ICT や都市計画・交通サービスといったインフラまで幅広い角度から、全世代にやさしく健康な“地域共生社会”を構想するためのキーポイントを解説する。